W0065817

Renate Schmidt

Besser organisieren – 99 wirksame Tipps für mehr Überblick im Büro

Office- und Selbstmanagement
von Ablage bis Zeitplanung

2. Auflage

Cornelsen

Verlagsredaktion: Erich Schmidt-Dransfeld
Layout und technische Umsetzung: Text & Form, Karon / Düsseldorf
Umschlaggestaltung: Magdalene Krumbeck, Wuppertal

Informationen über Cornelsen Fachbücher und Zusatzangebote:
www.cornelsen.de/berufskompetenz

2. Auflage

© 2009 Cornelsen Verlag Scriptor GmbH & Co. KG, Berlin

Das Werk und seine Teile sind urheberrechtlich geschützt.
Jede Nutzung in anderen als den gesetzlich zugelassenen Fällen
bedarf der vorherigen schriftlichen Einwilligung des Verlages.
Hinweis zu den §§ 46, 52a UrhG: Weder das Werk noch seine Teile
dürfen ohne eine solche Einwilligung eingescannt und in ein
Netzwerk eingestellt oder sonst öffentlich zugänglich gemacht
werden. Dies gilt auch für Intranets von Schulen und sonstigen
Bildungseinrichtungen.

Druck: CS-Druck CornelsenStürtz, Berlin

ISBN 978-3-589-23548-3

 Inhalt gedruckt auf säurefreiem Papier aus nachhaltiger Forstwirtschaft.

INHALTSVERZEICHNIS

Vorwort 7

A   Die Grundordnung 11

TIPP **1** Der Schreibtisch ist ein SCHREIB-Tisch – nutzen Sie ihn als solchen! 13

TIPP **2** Richten Sie sich danach, welcher Typ Sie sind – kleine Schreibtisch-Typologie 13

TIPP **3** Treffen Sie klare „Schreibtisch-Entscheidungen" nach Ihrem Typ! 15

TIPP **4** Der Platz im und um den Schreibtisch gehört allem, was häufiger gebraucht wird 17

TIPP **5** Stecken Sie alle übrigen Dinge in flexible Kleinmöbel! 19

TIPP **6** Bücher und Akten gehören in Regale bzw. Schränke . . . 20

B   Entstapeln, Ordnen und Beseitigen 23

TIPP **7** Schaffen Sie für Abgeschlossenes eine Endstation – am besten Ordner! 24

TIPP **8** Begreifen Sie den Papierkorb als ein „einladendes" Möbel! 25

TIPP **9** Beleben Sie die Hängeregistratur, indem Sie kluge Namen erfinden! 26

TIPP **10** Halten Sie die Hängeregistratur durch Veränderung „lebendig"! 27

TIPP **11** Beweisen Sie Originalität bei der Anwendung der Hängeregistratur! 27

TIPP **12** Verfahren Sie analog zum Entstapeln: Specken Sie Mappen regelmäßig ab! . . . 28

TIPP **13** Außenstationen entlasten Ordner 28

TIPP **14** Keine Ausrede zur Ordnung von Vorgängen, die nirgendwo reinpassen! 29

TIPP **15** Das Desk-Memory-Buch beendet die „Schmierzettelwirtschaft" 29

TIPP **16** Staus frühzeitig erkennen – wehren Sie den Anfängen der Unordnung! 30

TIPP **17** Mit „Dreierregel und Tauschhandel" halten Sie Ordner aktuell und schlank 31

TIPP **18** Behalten Sie die gesamte Ablage durch regelmäßiges Durchsehen im Griff! 31

TIPP **19** Erweitern Sie das „Projektfest" auf Ihre Ablage! 32

TIPP **20** Machen Sie rigoros Schluss mit der Aufschieberitis! 32

TIPP **21** Vorsicht: Beachten Sie bei aller Verschlankung die Aufbewahrungsfristen! 33

TIPP **22** So bekommen Sie System in Ihre Unterlagen: Das Ablage-Management 35

TIPP **23** Halten Sie Ihr Büro wohnlich: Behandlung der Altablage . 37

TIPP **24** Der ganz praktische Umgang – das Handling der Ablage . 38

TIPP **25** Diese drei Methoden verhelfen zur konsequenten Durchführung Ihrer Ablage . 40

C **Ordnung im PC** 44

TIPP 26 Gestalten Sie den Desktop übersichtlich! 46

TIPP 27 Sichern Sie sich schnellen Zugriff über die Menü-Task-Leiste! 47

TIPP 28 Lassen Sie die Maus für sich arbeiten! 48

TIPP 29 Datensicherung beugt Herzinfarkt vor 49

TIPP 30 Externe Datenträger erhöhen die Sicherheit 50

TIPP 31 Eine E-Mail ist kein Feueralarm! 51

TIPP 32 E-Mails sichten, verwalten und bearbeiten – machen Sie es sich leicht! 52

TIPP 33 Setzen Sie Übermittlungsbestätigungen gezielt ein .. 53

TIPP 34 Lassen Sie sich erinnern über die „Nachverfolgung". 54

TIPP 35 „Ich bin dann mal weg" – informieren Sie Ihre Geschäftspartner 55

TIPP 36 Machen Sie den Outlook-Kalender zu Ihrer Sekretärin 57

TIPP 37 Schlaumeier Internet – hier finden Sie alles! 58

TIPP 38 Eliminieren Sie die Werbung! 59

TIPP 39 Wenn nichts mehr geht 60

D **Umgang mit Zeit** 62

TIPP 40 Nutzen Sie konsequent das ABC-Prinzip um Prioritäten zu setzen! 64

TIPP 41 Die ALPEN-Methode hilft systematisch und zugleich einfach zu planen 65

TIPP 42 Begrenzt tauglich: die 4-Quadranten-Methode – prüfen Sie sie individuell! .. 68

TIPP 43 Schon mit wenig Grundaufwand erzielen Sie guten Nutzen: das Pareto-Prinzip . 70

TIPP 44 Die einfache Stapel-Methode hilft denen, die ein „Chaos-Minimum" brauchen 72

TIPP 45 Nutzen Sie als „Vielleser/in" rationelles Lesen zur Zeitersparnis! 73

E **Selbstmanagement** 76

TIPP 46 Die richtigen Ziele setzen: Was ist mir wirklich wichtig? 77

TIPP 47 Klären Sie die eigene Einstellung zu Ihrer Arbeit! . 78

TIPP 48 Es ist wichtig, die eigenen Stärken und Schwächen selbstkritisch zu beachten . 79

TIPP 49 Äußere Anreize nicht überschätzen: primär zählt die intrinsische Motivation 80

TIPP 50 Ziele sollten konkret formuliert und möglichst schriftlich festgehalten werden ... 81

TIPP 51 Ja-Sagen können – aber immer mit voller Konsequenz . 84

TIPP 52 Nein-Sagen können – ohne Angst vor ungerechtfertigten Folgen 84

TIPP 53 Veränderungen mit Konsequenz starten und mit Disziplin durchhalten 89

TIPP 54 Lösungsorientiert denken 91

TIPP 55 Weitsichtigkeit zum Prinzip machen 92

Tipp 56 Beweisen Sie Mut zu Entscheidungen 94

Tipp 57 Zeigen Sie Offenheit und Kompromissbereitschaft! . . 94

Tipp 58 Lernen Sie, Fehler zugeben zu können 96

Tipp 59 Die eigenen Grenzen kennen und sie beachten lernen . . . 97

Tipp 60 Biorhythmus beachten, für Entspannung und richtige Ernährung sorgen 99

Tipp 61 Entspannungsübungen und Ernährungstipps fürs Büro 102

Tipp 62 Es ist wichtig, den Spaß an der Freud' zu behalten 104

F **Ergonomie am Arbeitsplatz** **106**

Tipp 63 Herausragend wichtig – der Arbeitsstuhl 108

Tipp 64 Den Arbeitstisch in der richtigen Höhe wählen 109

Tipp 65 Herausragend bedeutsam: Aufstellung und Einstellung des Bildschirms 109

Tipp 66 Alle Faktoren des Arbeitsumfeldes beachten 111

Tipp 67 Die Wirkung von Farben berücksichtigen 111

Tipp 68 Hinreichende und gut gestaltete Pausen machen . . . 112

G **Kreatives Arbeiten** **114**

Tipp 69 Mind Mapping überall nutzen, um Ideen zu entwickeln und festzuhalten . . 115

Tipp 70 Brainstorming ist nach wie vor eine gute und einfache Methode zur Ideenfindung . 117

Tipp 71 Querdenken mit der Osborn-Checkliste 118

Tipp 72 Richten Sie „Gedanken-Kästchen" ein: Schatztruhe, Sorgenkiste, Notfallkoffer! 120

Tipp 73 Sich bei Denkblockaden nicht „festfressen", sondern Bewegung hineinbringen 122

Tipp 74 Nieder mit den (uneinlösbaren) Erwartungen! 123

Tipp 75 Gehirnaktivierung hilft gegen Konzentrationsschwäche . . 125

H **Kommunikation in Ordnung** **128**

Tipp 76 Der richtige Umgang mit E-Mails 130

Tipp 77 Der Versuchung (im) Netz widerstehen 132

Tipp 78 Schreiben und lesen Sie Briefe zielorientiert! 133

Tipp 79 Kritik an fruchtlosen Meetings und Konferenzen in den Griff bekommen 136

Tipp 80 Besprechungen besser organisieren 137

Tipp 81 Möglichkeiten der Gesprächsführung ausschöpfen 140

Tipp 82 Ergreifen Sie Maßnahmen, wenn Einzelne unpünktlich sind! 141

Tipp 83 Vermeiden Sie immer, dass Teilnehmer oder Leitung schlecht vorbereitet sind! . . 142

Tipp 84 Wichtig sind stimmige Informationen und die konkrete Umsetzung 143

TIPP 85 Sorgen Sie für professionelle Protokollführung! 144

TIPP 86 Nehmen Sie das Telefon als das wichtige Kommunikationsmedium, das es ist! . . . 146

TIPP 87 Richtige Vorbereitung auf das Telefonat 146

TIPP 88 Schenken Sie der Begrüßung am Telefon höchste Aufmerksamkeit! 147

TIPP 89 Verschiedene Mittel zur Beeinflussung der Gesprächsatmosphäre nutzen 149

TIPP 90 Üben Sie für ein besseres Namensgedächtnis! 152

TIPP 91 Telefonate brauchen einen schematischen Gesprächsaufbau 154

TIPP 92 Eine Nachbereitung ist für die meisten Gespräche wichtig 156

TIPP 93 Schalten Sie Ihr Handy öfters mal ab! 157

TIPP 94 Hier bleibt das Mobiltelefon generell ausgeschaltet! 158

TIPP 95 Beachten Sie im persönlichen Gespräch Ihre Stimmungslage! 159

TIPP 96 Nutzen Sie systematisch Methoden zur Gedankenkontrolle! 160

TIPP 97 Gespräche mit unterschiedlichen Gesprächspartnern passend vorbereiten 162

TIPP 98 Bei Gesprächen zwischen Chef und Mitarbeiter besondere Regeln beachten . . 165

TIPP 99 Zum Abschluss: Dienstleistungen schnell organisieren 170

Anhang I: Zeitplanungsformulare 172
Anhang II: Shortcuts 176
Literaturverzeichnis 179
Stichwortverzeichnis 180

VORWORT

„Ordnung ist das halbe Leben", „Wer Ordnung hält, ist nur zu faul zum Suchen" oder auch *„Ordnung ist etwas für Kleingeistige, das Genie überschaut das Chaos"* – diese oder ähnliche Sprichwörter hatte ich sicher schon einmal gehört, aber eben nur gehört und nicht weiter darüber nachgedacht. Ordnung war nicht mein Thema. Ich hatte Phasen, in denen mein Schreibtisch fast unter der Last von Papier zusammenzubrechen drohte, und auch wieder solche, in denen er beinah ein ästhetisches Vorzeigemöbel war, mit nichts weiter darauf als dem Vorgang, an dem ich gerade arbeitete.

Selbstorganisation – ja, das hatte ich drauf. Bei wichtigen Terminen plante ich eben vorher ein, dass es eine Weile dauern würde, bis ich alle erforderlichen Unterlagen gefunden hatte und das Einzige, was wirklich manchmal nervte, war die ewige Suche nach dem Autoschlüssel, der sich wie von Geisterhand von dem Ort, wo ich glaubte, ihn abgelegt zu haben, an einen völlig absurden anderen Ort fortbewegte. Aber das war eben eine lieb gewonnene Gewohnheit und belastete mich auch nicht wirklich. Irgendwie gelang es immer – und sei es durch ein kräftiges Durchdrücken des Gaspedals auf der Fahrt – pünktlich zu meinen Terminen zu kommen. Außerdem, so verkaufte ich mir mein alltägliches Chaos, war Unordnung ein hervorragendes Gedächtnistraining. Meine (Un-)Ordnung hatte ich im Griff und nicht sie mich und das war das Entscheidende. Es gab nur eine Situation, in der ich ein beinah zwanghaftes Bedürfnis nach Ordnung und Organisation hatte: wenn ich ein neues Seminar vorbereiten und dabei gleichermaßen konzentriert wie kreativ denken musste. Dann befand sich auf meinem Schreibtisch und auch in meinem gesamten Gesichtskreis nichts, das mich auch nur im Geringsten von meiner Arbeit hätte ablenken können – der Schreibtisch war blank und selbst die halb geleerte Kaffeetasse war schon ein Störfaktor, den ich nicht ertragen konnte.

Allmählich vergrößerte sich mein Geschäft, mehr E-Mails kamen herein, mehr gelbe Zettel mit achtlos hingeschmierten Telefonnotizen klebten auf meiner Schreibtischunterlage, die ebenfalls vollgekrickelt war mit Notizen, verziert natürlich mit Blümchen und geometrischen Formen. Die Flut von Papier nahm eindeutig zu und um nicht darin unterzugehen, druckte ich nicht mehr jede E-Mail aus, sondern nahm mir vor, sie immer gleich zu beantworten. Das gelang natürlich nicht, denn irgendwie kam oft etwas dazwischen und das Ergebnis war, dass ich manche E-Mail nicht beantwortete, was mir nicht nur Pluspunkte bei meinen Kunden einbrachte.

Irgendwann war der Zeitpunkt gekommen, wo ich meine Arbeit im Büro allein nicht mehr schaffte und Unterstützung brauchte: eine Assistentin, die einen Teil der Organisation übernahm. Da ich ohnehin viel unterwegs war, wollten wir uns zunächst das Büro nicht mit einem zweiten monströsen Schreibtisch vollstellen, sondern uns meinen teilen. Da nahm das Unheil seinen Lauf: Plötzlich lagen auf meinem Schreibtisch nicht nur meine Vorgänge, sondern auch ihre und das störte mich gewaltig, denn sie steckte immer alles in Klarsichthüllen und drapierte alles so nebeneinander, dass es immer nach viel Arbeit und der Schreibtisch immer voll aussah. Ich versuchte das erst einmal auszuhalten, denn andererseits nahm sie sich des Chaos' um mich herum an und das Büro gewann durch ihre Aufräumaktion eine ganz neue Frische, was auch eine ästhetische Komponente hatte.

Das Ganze hatte nur einen Nachteil: In meinem Chaos fand ich mich leidlich zurecht, in ihrer Ordnung dummerweise nicht. Es fing damit an, dass ihr Ablagesystem nicht meiner Logik entsprach und wenn ich eine Adresse suchte, konnte ich jetzt nicht mehr in meinem Visitenkartenkästchen wühlen, sondern musste Outlook öffnen, um dort meinen Adressaten zu finden, ich hatte das Gefühl, dass das länger dauerte. Meine Termine standen jetzt nicht mehr in meinem heiß geliebten Zeitplanbuch, sondern wurden mir per Computer angezeigt. Das wäre sicher gut gewesen, wenn ich ihn morgens immer zur gleichen Zeit angemacht hätte – habe ich aber nicht. Und wenn ich beim Kunden war und mir einen neuen Termin notierte, vergaß ich oft, ihr diesen Termin zu nennen, damit sie ihn ins Outlook eingeben konnte. Also funktionierte diese Art der Büroorganisation für mich offenbar auch nicht und da ich keine eindeutige Verbesserung, keine Entlastung und auch keine wesentliche Zeitersparnis darin sah, wäre sicher bald der alte Schlendrian wieder eingekehrt, wenn wir nicht eine klare Entscheidung getroffen hätten: Wir wollten professionell arbeiten, also brauchten wir eine Büroorganisation, mit der wir beide zurechtkamen. Allzu gerne hätte ich das Thema meiner Assistentin überlassen, aber ich konnte mich nicht aus der Verantwortung stehlen, wenn ich mich auch wohl fühlen wollte. So entwickelten wir in kleinen, manchmal mühsamen, Schritten das zu uns passende System.

Noch heute kämpfen wir oft einen erbarmungslosen Kampf gegen die Zeit, gegen unsere Neigung, vieles andere wichtiger zu finden als ein gut organisiertes Büro, gegen die Ausreden unserer inneren Schweinehunde, aber wir sind entschlossen, uns nicht mehr von unserem eigenen Chaos überrollen zu lassen und uns genau die Ordnung im Büro zu erhalten, die wir brauchen, um uns beide wohl zu fühlen, ohne uns aber mit unserem eigenen Perfektionismus erneut Druck aufzubauen. Ein bisschen Disziplin gehört dennoch dazu und Disziplin ist ein Wort, das uns schon wieder an „Zucht und Ordnung" erinnert. Aber mal ehrlich, brauchen wir nicht für die meisten Dinge im Leben, die wir ernsthaft anstreben, eine Portion Disziplin? Wir geben dem Wort eine neue Bedeutung und formulieren es um in „Wohlfühl-Disziplin" und dann sagen wir uns jeden Tag: Wir müssen uns nicht organisieren, wir müssen keine Ordnung im Büro haben, aber wir WOLLEN es. Damit haben wir keinen Druck von außen, sondern sind intrinsisch motiviert und damit macht uns unsere Büroorganisation viel mehr Spaß.

Was Sie von diesem Buch erwarten können

Dies ist kein Buch eines Profis für Profis, sondern ein Buch geschrieben von einer Frau, die Ordnung nicht im Blut hat, sondern sie lernen musste und sich immer wieder neu dafür entscheiden muss. Dieses Buch richtet sich an Menschen, denen es ähnlich geht und die hin und wieder unter dem Chaos, das sie (zum größten Teil) selbst inszenieren, leiden.

Dieses Buch fordert Sie nicht auf, einmal den großen Rundumschlag zu machen, der aber durch die eigene Veranlagung in spätestens ein paar Wochen wieder zunichte gemacht wird, sondern liefert Ihnen **Vorschläge** und **Anregungen**, die Sie jeweils **einzeln umsetzen** können, um darüber Büroorganisation der **kleinen Schritte** zu **realisieren**. Was Sie umsetzen können, ohne dabei Druck zu empfinden, ist richtig für Sie und nur dort wird es auch gelingen, ein einmal eingeführtes System dauerhaft halten zu können. An welcher Stelle Sie ansetzen und wie umfassend die Veränderungen sein sollen, hängt vom Status quo Ihres Büros und Ihrer augenblicklichen Unzufriedenheit mit der Situation ab.

Wahrscheinlich hat der schon einen gewissen Grad erreicht, denn sonst hätten Sie dieses Buch nicht gekauft, aber entscheiden Sie selbst, wie viel Optimierung nötig ist, damit Sie sich wohl fühlen in den vier Wänden, in denen Sie so viel Zeit Ihres Lebens verbringen. Ich gebe Ihnen hier auch keine Tipps, die nur mit hohem technischen Verständnis und Liebe zu modernen Kommunikationsmitteln realisierbar sind, wo Sie aber schon an Ihre Motivationsgrenzen stoßen, wenn Organizer oder sonstige Instrumente moderner Büroorganisation und -koordination nicht zu Ihren Lieblingsspielzeugen gehören. In meinen Seminaren habe ich viele Sekretärinnen mit zum Teil langjähriger Erfahrung kennen gelernt, die Instrumente der Büroorganisation ausprobiert und genauso wieder verworfen haben. Bei meiner Recherche:

• „Was ist realistisch und dauerhaft umsetzbar – was nicht?",
• „Was sind lediglich gut gemeinte Ratschläge und was erprobte Werkzeuge für die Praxis?"

habe ich immer wieder bei denen, die täglich sich, ihren Chef, die Abteilung, zum Teil ein ganzes Unternehmen organisieren müssen, vergewissert, ob ein Werkzeug dauerhaft sinnvoll ist und funktioniert oder nicht.

Büroorganisation ist eine Entscheidung, die Sie alleine treffen. Wie viel Veränderung darf es sein? Womit wollen Sie beginnen? Wann wollen Sie starten? Sie haben ein Buch zur Büroorganisation gekauft und es ist bestimmt günstig, diesen Impuls zu nutzen und den Start nicht zu lange hinauszuzögern, denn sonst machen Sie sich schon wieder ein schlechtes Gewissen, weil Sie ja eigentlich starten „müssten". Die Last einer geplanten, aber unerledigten Arbeit wird von Tag zu Tag größer, der Druck nimmt zu. Lassen Sie es nicht so weit kommen. Einen klitzekleinen Tipp können Sie sicher noch heute umsetzen und dann gehen Sie mit dem guten Gefühl nach Hause: **Ich habe begonnen!** Ein schönes, sofort sichtbares Erfolgserlebnis – Lust darauf? Na denn, auf geht's und nicht vergessen: Sie tun das alles in erster Linie für sich selbst und was Sie tun, soll Ihnen Spaß machen. Die Konsequenzen wie entspannteres Arbeiten, kompetentere Wirkung nach außen, mehr Zeit ... sind in diesem Moment noch gar nicht so wichtig, daran können Sie sich später freuen.

IHRE BÜROORGANISATIONS-(N)IXPERTIN ;-)
RENATE SCHMIDT

Teil A DIE GRUNDORDNUNG

Organisation – was heißt das eigentlich? Was verbirgt sich hinter dem Wort? Wofür steht es? Vielleicht für

O wie Ordnung
R wie Rationalität
G wie Genauigkeit
A wie Aktualität
N wie Neuigkeit
I wie Ideenreichtum
S wie Strategien
A wie Analyse
T wie Transparenz (oder auch „tu-es-in-time")
I wie Information
O wie Offenheit
N wie Nachvollziehbarkeit

Organisation steht in Wechselbeziehung zu vielen Bereichen und kann nicht isoliert gesehen werden

Was bedeutet Organisation für Sie? Ein lästiges Übel oder etwas, ohne das Sie sich nicht durchs Leben bewegen könnten? Definieren Sie – nur so zum Spaß – einmal, welche Begriffe Sie mit „Organisation" verbinden. Der eine von uns mag sagen, Organisation gehört einfach zum Leben dazu, weil wir Struktur brauchen, der Nächste, Organisation ist kontraproduktiv für jede Spontaneität. Die Wahrheit liegt meistens in der Mitte. Organisation ist nicht alles und ein absolut durchgestyltes Leben ist möglicherweise etwas starr, aber bezogen auf den Arbeitsplatz ist Organisation einfach nützlich, weil sie Freiräume für die weniger strukturierten Bereiche des Lebens schafft.

> *GUT ORGANISIERTE ARBEITSPLÄTZE UNTERSTÜTZEN UNSERE ARBEITSABLÄUFE UND ERLEICHTERN UNS UNSERE ARBEIT. EINE GUTE ORGANISATION BESCHLEUNIGT ARBEITSPROZESSE UND SENKT DIE ARBEITSKOSTEN.*

Sie lässt uns kompetenter (uns selbst und anderen gegenüber) wirken und verhilft uns dadurch zu mehr Erfolgserlebnissen am Arbeitsplatz. Erfolgserlebnisse sind motivierend und wenn wir motiviert sind, fällt uns die Arbeit leichter. Wenn uns die Arbeit leichter fällt, macht sie uns mehr Spaß.

Organisation ist hilfreich und hat nichts mit Bürokratismus zu tun!

Dauerhaft macht Arbeit entweder Spaß oder krank. Organisation ist sicher nicht alles, aber vielleicht doch etwas, dessen Nutzen der eine oder andere von uns bisweilen unterschätzt.

*Am Büroarbeitsplatz
muss der Mensch
– im doppelten Sinn –
im Mittelpunkt stehen*

Bei einem organisierten Büroarbeitsplatz steht immer der Mensch im Mittelpunkt aller Aktivitäten, ohne dass er dabei auf seinem „Arbeitsstuhl oder -sessel" (je nach Position ☺) fixiert wird. Unterlagen und Arbeitsmittel sind um ihn herum angeordnet, übersichtlich und im direkten Zugriff.

In diesem Zusammenhang spielt bei der Grundordnung der **„Greifraum"** eine Rolle. Wenn wir bei der Einrichtung unseres Büros den Greifraum berücksichtigen, schaffen wir eine wichtige Voraussetzung für die funktionale und ergonomische Gestaltung unseres Arbeitsplatzes. Es geht dabei darum, nur die Vorgänge und Arbeitsmittel im direkten Zugriff zu haben, die wir ständig benötigen oder die wir gerade im Moment bearbeiten.

Die drei Abstufungen des Greifraums

- Der „DIREKTE GREIFRAUM" – die Arbeitsfläche – dient der Bearbeitung oder Behandlung aktueller Unterlagen.
- Der „ERWEITERTE GREIFRAUM" – die Bereitstellungsfläche – liefert Raum für Unterlagen, die wir auf Zugriff zur Hand haben müssen, die aber nicht tagesaktuell bearbeitet werden. Der „erweiterte Greifraum" befindet sich in der Horizontalen (Ablageborde) und Vertikalen (Paper-Management-Organisation), in Arbeitsplatzcontainern und seitlichen Beistellschränken.
- Der „MAXIMALE GREIFRAUM" – die Reservefläche – ist für Unterlagen und Arbeitsmittel vorgesehen, auf die wir weniger häufig zurückgreifen müssen.

Tipp 1

Der Schreibtisch ist ein Schreib-Tisch – nutzen Sie ihn als solchen!

Nehmen wir den Begriff „Schreibtisch" einmal ernst, dann wissen wir gleichzeitig, was streng genommen dorthin gehört: Das, worauf wir schreiben und das, womit wir schreiben.

Schauen Sie sich doch im Hinblick darauf Ihren Schreibtisch einmal an. Was steht oder liegt darauf? Was davon brauchen Sie tatsächlich täglich in Ihrem unmittelbaren Gesichtsfeld? Entfernen Sie jetzt einmal alles (notfalls stellen oder legen Sie die Dinge vorübergehend neben sich auf den Boden, bis sie ihren endgültigen Platz gefunden haben) bis auf:

Leitfrage: Was braucht man wirklich auf seinem Schreibtisch?

- Bildschirm, Tastatur und Maus,
- Telefon (weil es zu häufig gebraucht wird, um es woanders zu platzieren),
- 1 Schreibgerät,
- 1 neutralen Block.

Das ist Ihre Grundausstattung. Was sonst noch auf Ihren Schreibtisch gehört, ist zum einen davon abhängig, welcher Typ Sie sind, das heißt, was Sie brauchen, um Ihren Schreibtisch attraktiv zu finden und zum anderen von der Art des Jobs, den Sie machen und welches Gerät Sie dafür tatsächlich mehrfach täglich oder sogar permanent benötigen.

Kernkriterium: Was wird permanent oder täglich benötigt?

Auf wie viele zusätzliche Schreibtischgegenstände einigen wir uns? Maximal fünf?!

Nicht gemeint sind zweiter PC, Miniradio, Drucker, sondern kleine Verschönerungs- oder Unbedingt-nötig-Gegenstände.

 Tipp 2

Richten Sie sich danach, welcher Typ Sie sind – kleine Schreibtisch-Typologie

Sind Sie ein Schöngeist?

Dann brauchen Sie auf Ihrem Schreibtisch zum Wohlfühlen vielleicht ein antikes Tintenfass aus Marmor, einen kostbaren Briefbeschwerer aus Glas, einen silbernen Brieföffner mit Ihren Initialen oder eine Aufbewahrungsbox eines namhaften Designers. Erfüllen Sie sich dieses Bedürfnis, aber treffen Sie eine Entscheidung, welcher Gegenstand es sein soll.

Wichtig: Auch etwas Persönliches, nach Typ, berücksichtigen

Am günstigsten ist es natürlich, wenn Sie diesen Gegenstand auch tatsächlich nutzen können und er nicht nur schön anzuschauen ist. Weniger ist im Zweifelsfall ohnehin mehr und Sie können Ihren Dekogegenstand ja in regelmäßigen Abständen gegen einen anderen austauschen.

Sind Sie ein Atmosphärebegeisterter?

Dann brauchen Sie auf Ihrem Schreibtisch zur Motivation das Bild Ihres Liebsten / Ihrer Liebsten oder Ihrer Kinder. (Kleiner Tipp am Rande: Kinder sind manchmal kleine Künstler und erfreuen Vater oder Mutter gerne mit selbst gemalten Bildern, die wir auch nur zu gerne aufhängen. Denken Sie dabei aber daran, dass Ihre Kollegen nicht den gleichen emotionalen Bezug haben. Sie werten jedes gemalte Bild Ihrer Kinder auf, wenn Sie es gerahmt an die Wand hängen.) Zur Weihnachtszeit darf es auch gerne ein dezentes Gesteck oder im Sommer ein bunter Blumenstrauß sein. Alles, was Ihrem Schreibtisch Ihre persönliche Note gibt, ist legitim, aber auch hier gilt: Treffen Sie eine Entscheidung, so viel brauchen wir nicht um uns wohl zu fühlen.

Sind Sie ein Sammler?

Oh je, dann haben Sie ab jetzt die Qual der Wahl, denn auf Ihrem Schreibtisch findet ab jetzt nur noch ein Gegenstand Ihrer Sammelleidenschaft Platz. Steht dort das kleine Wörterbuch „Frau/Deutsch – Deutsch/Frau", das der freundliche Kollege Ihnen geschenkt hat, dann hat dort der Glücksstein genauso wenig verloren wie Ihr Namensschild der letzten Veranstaltung, an die Sie sich gerne erinnern, weil sie ein solcher Erfolg für Sie war. Kleiner Trost: Dinge, die uns sehr lange umgeben, nehmen wir ohnehin kaum noch bewusst wahr und den Zeitpunkt des Austausches bestimmen immer noch Sie. Sammelleidenschaft führt allerdings häufig zum Chaos. Ordnung halten, heißt selektieren und sich trennen können.

Sind Sie ein „Kürmler"?

Das heißt, dass Sie ein gewisses Maß an Unordnung brauchen, um sich wohl zu fühlen. Fragen Sie sich einmal ganz bewusst, ob es unbedingt der Schreibtisch sein muss, den Sie für Ihre Leidenschaft brauchen. Wenn ja, was halten Sie von einem Kürmelkästchen, in dem alles Platz findet, das Sie für Ihr Wohl-

befinden brauchen: Aspirin, Bonbons, Heftpflaster, Ersatzbat-
terien fürs Diktaphon, Ihr kleines Glücksbringer-Herz ... Wenn
Sie mehr Unordnung brauchen, opfern Sie eine Schublade im
Schreibtisch oder Rollcontainer als Kürmel-Schublade, dann
brauchen Sie sie nur aufzuziehen um sich am lieb gewonnenen
Chaos zu erfreuen. Gehen Sie allerdings in Urlaub und werden
von einer Kollegin vertreten, tun Sie sich und ihr den Gefallen
und entfernen vorher alles Essbare daraus, damit die angebro-
chene Tafel Schokolade nicht irgendwann Beine bekommt. Es
gibt Kollegen, die haben dafür nicht besonders viel übrig.

Sind Sie ein Spartane?

Wunderbar, Sie brauchen nicht auf Biegen und Brechen etwas
auf Ihrem Schreibtisch zu platzieren, das Sie eigentlich gar
nicht wollen. Konzentrieren Sie sich auf die Gegenstände, die
Sie täglich mehrfach in die Hand nehmen.

 ## Treffen Sie klare „Schreibtisch-Entschei-dungen" nach Ihrem Typ!

Jetzt geht es darum, die täglich benötigten Gegenstände auszuwählen. Wir hatten uns ja darauf geeinigt, dass nicht mehr
als fünf Zusatzgegenstände auf Ihren Schreibtisch gehören.
Wenn Sie sich für einen „Typ-Gegenstand" entschieden haben, bleiben demnach vier. Wir wissen nicht, was zu Ihren Aufgaben gehört und können deshalb hier nur Beispiele nennen.

*Überlegen Sie bitte ganz genau, welche vier Gegen-
stände, die Sie täglich häufig in die Hand nehmen, tatsächlich auf Ihren Schreibtisch gehören.*

Bedenken Sie dann weiter, welche auch im Greifraum, dem
Raum um den Schreibtisch, den Sie durch Drehen auf Ihrem
Stuhl bequem erreichen können (dazu mehr unter ▶ **Tipp 4**),
gut aufgehoben sind.

*Was nicht auf den
Schreibtisch kommt,
gehört in den Greifraum*

Beispiel

Bei der Auswahl sind wir (in unserem Büro) zunächst auf eine
ganze Reihe von Gegenständen gestoßen, auf die wir scheinbar nicht verzichten können. Als wir uns dann gefragt haben,
ob wir diesen oder jenen Gegenstand tatsächlich täglich oder

sogar mehrmals täglich in die Hand nehmen, sah es schon anders aus. Im Grunde blieb außer meinem heiß geliebten Terminkalender nichts mehr übrig, kein Tesa-Abroller, keine Schere, keine Flipp-Chart-Stifte. Die letzte Entscheidung für die Schreibtisch-Bestückung sah dann bei mir so aus:

- 1 silberner Kübel mit bunten Blumen (für die Atmosphäre),
- 1 runde Ikea-Dose mit Platz für Stifte und Schere (um meinen Chaostrieb zu befriedigen),
- 1 Locher (weil wir uns angewöhnt haben, Papier sofort abzuheften),
- 1 Terminkalender (weil ich mich an die elektronische Terminerinnerung nicht gewöhnen kann) und
- 1 Pultordner (völlig überholt, aber für uns die einfachste Möglichkeit, die Dinge, die wir täglich zu erledigen haben und auch die Wiedervorlage im Griff zu halten).

Die richtige Ordnung hilft sofort, auch Abläufe disziplinierter einzuhalten

Wenn wir die Box mit den netten bunten Schmierzetteln nicht mehr täglich sehen, benutzen wir sie auch nicht, sondern müssen uns disziplinieren, zunächst einmal alles, was wir schriftlich festhalten wollen, auf unseren ohnehin vorliegenden Block (und von da aus zu entscheiden, was wir mit der Info tun und wo sie festgehalten werden muss) oder direkt in den PC zu schreiben. Dadurch, dass das Visitenkartenkästchen vom Schreibtisch verschwunden ist, müssen wir uns disziplinieren, die Outlook-Adressdatei zu benutzen, was zwar zunächst eine Umstellung war, aber tatsächlich durch die schnelle Eingabe des Suchbegriffs viel einfacher und weniger zeitaufwändig ist. So haben wir in einigen Fällen gleich mehrere Fliegen mit einer Klappe geschlagen.

WENN WIR UNS AN EIN NEUES, UNGEWOHNTES SYSTEM NICHT SO SCHNELL GEWÖHNEN KÖNNEN, IST OFT DER BESTE WEG, EIN ALTES WERKZEUG EINFACH ZU ENTFERNEN.

Am Anfang mag man das eine oder andere Mal fluchen, aber tatsächlich funktioniert so Hilfe zur Selbsthilfe.

Sind Sie in der Telefonakquise tätig, brauchen Sie täglich Ihr Adressmaterial, das Sie abarbeiten, als Buchhalterin sicher Ihre Rechenmaschine, als Baufinanzierer die Übersicht der tagesaktuellen Konditionen ... Entscheidungen treffen können, ist ein Grundkriterium für Erfolg, wir haben hier die Möglichkeit, es täglich zu praktizieren, denn eines ist wichtig bei unserer Schreibtischbestückung: Es geht nicht nur um eine Einrichtung für heute und vielleicht noch für den Rest der Woche. Es geht um DAUERHAFTE ORDNUNG in Ihrem allernächsten Umfeld. Deshalb auch die Bitte: Bis Sie sich an diese Grundordnung gewöhnt haben, verlassen Sie abends den Schreibtisch nie, ohne Ihre Gegenstände abgezählt zu haben. Meine Bilanz:

Immer bedenken: die angestrebte Ordnung muss auf Dauer sinnvoll sein

- PC, Tastatur, Maus,
- Telefon,
- 1 Schreibgerät,
- 1 Schreibblock,
- 5 Zusatzgegenstände,

  also elf Gegenstände auf dem Schreibtisch – das ist doch eine ganze Menge!

Tipp 4 Der Platz im und um den Schreibtisch gehört allem, was häufiger gebraucht wird

Das Hängeregal im direkten Zugriff

Irgendwie sind sie ein bisschen aus der Mode gekommen, die Hängeregale, dabei gibt es sie mittlerweile in allen möglichen, für jeden Typ passenden, Designs. Wir nutzen, auch bei kleinen Büros, einen Raum, der ansonsten nur von Bildern oder einem Kalender geschmückt wird und sparen Platz. Am besten hängen wir ein solches Regal so auf, dass wir es mit ausgestrecktem Arm oder höchstens kurzem Aufstehen (das schadet ohnehin nicht) erreichen können.

Hängeregale eignen sich hervorragend als Ablage im Greifraum

AUF DIESEM REGAL FINDEN DINGE PLATZ, DIE SIE BEINAHE TÄGLICH EINMAL BRAUCHEN.

Dazu gehört vielleicht der Duden, ein Fachlexikon Ihrer Branche und eventuell auch ein oder zwei bunte Kästchen, die vielfach verwendbar sind (zum Umgang mit Kästchen lesen Sie auch etwas unter ▶ TIPP 2), warum nicht auch Ihr Glücksbringer, der seinen Platz auf dem Schreibtisch räumen musste. Wichtig ist nur, dass das Regal nicht überladen und so bestückt wird, dass der optische Eindruck von Ordnung erhalten bleibt. Je nach Art Ihres Büros bestimmen natürlich auch die von Ihnen bearbeiteten Geschäftsprozesse, welche geschäftlichen

Bestückkriterium ist, was oft benötigt wird

WAS HÄUFIGER GEBRAUCHT WIRD, GEHÖRT IN DEN SCHREIBTISCH

Unterlagen hier zweckmäßigerweise unterzubringen sind. Hier ist in der Praxis eine so große Vielfalt vorhanden, dass es wenig Sinn macht, einzelne Beispiele herauszugreifen. Entscheidungskriterium für die Einrichtung Ihres Hängeregals ist in jedem Fall: Brauche ich dieses Nachschlagewerk, diese Unterlage mehrfach in der Woche?

Die Schreibtischschubladen

Schubladen nehmen Utensilien auf

Haben Sie noch einen Schreibtisch mit Schubladen – prima, dann finden hier eine Menge Dinge Platz, die vorher auf Ihrem Schreibtisch standen: Nicht täglich genutztes Schreibwerkzeug, der Klammerer, Radierer, das Lineal, Füllerpatronen, Briefmarken ... Einzige Bedingung für die Einrichtung Ihrer Schublade für Kleinzeug und Schischi ist:

ARBEITEN SIE BITTE MIT EINEM SCHUBLADENTRENNER, DER ES IHNEN ERMÖGLICHT, DAUERHAFT ORDNUNG ZU HALTEN.

Ohne diese Trenner fliegt bei jedem Öffnen und Schließen der Schublade oder auch durch schnelles Suchen unter Zeitdruck wieder alles durcheinander und im Nu haben Sie wieder ungewollt eine Chaosschublade (nur die Kürmler haben eine Schublade ohne Trennwände, damit alles schön durcheinander fliegen kann).

Größere Schubladen halten ausgewählte Unterlagen schnell griffbereit

In den größeren Schubladen, die zu Ihrem direkten Greifraum gehören, finden, je nach Arbeitsaufgabe, die Unterlagen Platz, auf die Sie häufig und ggf. schnell zurückgreifen müssen. Auch hier ließe sich eine Liste zusammenstellen; im Geschäftsbüro sind Arbeitsanweisungen, Muster, Kontenübersichten denkbar. Eines sollte jedoch durchgängig klar sein: Zeitschriften, in denen Sie einen bestimmten Artikel nachlesen möchten, gehören genauso wenig in diese Schubladen wie größere Nachschlagewerke (z.B. Gesetzestexte) oder gar Schriftstücke, die Sie bei Gelegenheit mal ablegen wollen.

Hierhin gehören Formulare und dynamische Unterlagen

Ein Papiertrenner für diese Schubladen bietet sich an, wenn Sie viele Formulare benötigen: Briefpapier, Reisekostenabrechnungen, Fax-Vorlagen, Bestellformulare, Kurzmitteilungen ...

All das, was unter die Rubrik „DYNAMISCHE ARBEITSUNTERLAGEN" fällt, Dinge, mit denen Sie kurz- oder mittelfristig arbeiten wollen, gehört in Ihren direkten Zugriff. Wenn Sie eine Umgestaltung (oder Neueinrichtung) Ihres Büros in Angriff nehmen, gehört es dazu, dass Sie sich die Systematik der Geschäftsprozesse vor Augen führen und daraus ableiten, welche Unterlagen in diese Rubrik fallen.

 5 Stecken Sie alle übrigen Dinge in flexible Kleinmöbel!

Der Rollcontainer

Dieser Container ist häufig ähnlich aufgebaut wie die im Schreibtisch integrierten Schubladen, bietet allerdings in der Regel keine größeren Schubladen, sondern Platz für eine Hängeregistratur. Er erweitert damit Ihren Schreibtisch.

Er ist der beste Platz für alle Akten, mit denen Sie aktuell arbeiten, und alle Vorgänge, die Sie noch bearbeiten wollen.

Anstelle einer Wiedervorlagemappe können Sie hier auch Mappen unterbringen, die unter Rubriken wie „Telefonieren", „Zur Besprechung mit dem Chef/Mitarbeiter" o.Ä. gehören.

Geeignet für die wichtigsten Akten und Hängeregister

Der Caddy

Im Unterschied zum Rollcontainer ist der Caddy ein moderneres Möbel, das nicht nur eine Menge Platz für Ihre täglichen Unterlagen bietet – mit schnellem Zugriff, denn er lässt sich von vorne und von der Seite öffnen –, sondern aufgrund seiner Höhe auch ideal zum Arbeiten im Stehen geeignet ist, da ein Laptop bequem darauf Platz findet. Der Caddy findet seinen Platz neben dem Schreibtisch.

Da er auf Rollen steht, ist er auch ein praktisches Möbelstück für den mobilen Arbeitsplatz. Caddys sind mit Namensschildern versehen und bleiben damit Arbeitsplatz des Mitarbeiters, der nur sporadisch im Büro ist. Sie nehmen viel weniger Platz in Anspruch als ein feststehender Schreibtisch und lassen sich beliebig dort andocken, wo gerade ein Arbeitsplatz frei ist. Der eigene Posteinwurf sorgt dafür, dass auch Ablagefächer für Außendienstler mit seltenen Bürotagen überflüssig werden. Vielleicht ist der Caddy das Büromöbel der Zukunft.

Als flexibles Möbel platzsparend und beweglich

6 **Bücher und Akten gehören in Regale bzw. Schränke**

Das Sideboard hinter Ihnen

Standortkriterium: gut im Sitzen erreichbar

Das Sideboard, das hinter Ihnen steht, ist im besten Fall durch Drehen des Bürostuhls zu erreichen und darin sind die Ordner untergebracht, die Sie am häufigsten brauchen. Auf dem Sideboard stehen die Körbchen, die Ihnen (nach Lesen von Teil B noch) sinnvoll erscheinen, sodass Sie auch den Inhalt dieser Körbchen durch einfaches Wenden des Oberkörpers erreichen können.

Das Bücherboard

Der Bedarf hängt vom Arbeitsplatz ab

Nicht beim Einräumen schon komplett voll packen

Ob Sie ein Bücherregal benötigen, hängt natürlich von Ihrem Job und Ihrem Büro ab. Wenn Sie eines brauchen, richtet sich seine Größe natürlich nach der Menge der Bücher, die Sie verfügbar halten. Ein Rat: Lassen Sie beim Einräumen Luft, sodass die nach und nach hinzukommenden Bücher noch auf längere Sicht ihren Platz finden und Sie nicht so schnell schon wieder umräumen oder erweitern müssen.

Das Bücherregal darf im Büro so angeordnet sein, dass Sie darauf schauen, zum einen weil der Anblick von Büchern auf viele Menschen eine beruhigende Wirkung hat, zum anderen weil das Sideboard als (idealerweise) einziges offenes Regal eine persönliche Atmosphäre in Ihrem Gesichtsfeld liefert.

Bauformen, z.B. Würfel, helfen beim Sortieren

EIN KLEINES BEISPIEL: Wir arbeiten mit sehr vielen Büchern und haben uns deshalb ein Holzregal (einer günstigen Regalserie) gekauft, das durch die Anordnung in einzelne Quadrate den Vorteil hat, dass wir die Bücher ohne Hilfsmittel in Themenbereiche einsortieren konnten. Bei uns sind das z.B. Kommunikation, Coaching, Teamentwicklung, Verkauf ... So finden wir sehr viel schneller das gerade benötigte Buch, ohne dass wir das Ganze gleich „bibliotheksmäßig" oder gar über einen Katalog angehen müssten. In diesem Regal finden bei uns auch die Plexiglasständer Platz, in denen wir die Zeitschriften, die wir tatsächlich eine Weile archivieren möchten, stehend aufbewahren.

Weitere Schränke und Boards

Am organisiertesten sieht Ihr Büro aus, wenn Ihre Schränke geschlossen sind. Auch wenn Ordner ja nur in einer bestimmten

Tipp

6

Bücher und Akten gehören in Regale bzw. Schränke

Ordnung aufgestellt werden können, sieht es für einen Besucher nicht unbedingt schön aus, wenn Sie Ordner in verschiedenen Farben, womöglich unterschiedlicher Hersteller und bei einigen sogar mit individueller Beschriftung (mal handschriftlich – teils vom Vorgänger, teils von Ihnen –, mal mit Maschine geschrieben) kreuz und quer durcheinander stehen haben.

Geschlossene Möbel bieten bessere Optik ...

Je nach Aufgabe ist es wichtig, dass Sie eine entsprechende Anzahl von Schränken abschliessen können.

Nicht nur Gehaltsordner, in denen man mal eben schauen kann, was der Kollege verdient, sollen nicht jedem zugänglich sein. Je nach Art Ihrer Unterlagen müssen Sie ggf. auch aus rechtlichen Gründen Dinge vertraulich handhaben oder wegen versicherungsseitiger Bedingungen verschlossen halten.

... und nehmen vertrauliche Unterlagen auf

Die Ordner, zu denen andere Kollegen Zugang haben und benötigen, sollten in Schränken, die möglichst nah an der Tür stehen, untergebracht sein. Das gleiche gilt auch für Formulare, die Kollegen bei Ihnen finden.

In die geschlossenen Schränke gehört ferner alles, was Sie an größeren Materialien in Ihrem Büro benötigen, aber nur zu bestimmten Gelegenheiten. Am besten aufgehoben sind all solche Gegenstände in entsprechend großen Boxen, hier heißt es aber vorher gut messen, denn manche Büroschränke sind nur für Ordner ausgelegt, sodass eine Box mit DIN-A4-Papier nur quer in einen solchen Schrank passt und Sie damit eine Menge kostbaren Platz verschenken.

Auch Büromaterial gehört hinter Schranktüren und dort gut geordnet

Bewahren Sie in Ihrem Büro Büromaterialien für die gesamte Abteilung auf, achten Sie unbedingt darauf, dass Sie sie in einem abschließbaren Schrank lagern. Die Sammler unter den Kollegen können immer viele Kulis, Radierer usw. gebrauchen und es ist unnötig, hier Konflikte zu schaffen.

Was nicht in Ihr Büro gehört

Kaffeegedeck, Filtertüten, Kekse und alles, was Sie sonst zur Gästebewirtung brauchen, gehört im Normalfall nicht in Ihr Büro, sondern in die Küche oder einen eigens dafür vorgesehenen Raum. Das hat zum einen Hygienegründe, zum anderen wird aber damit auch kostbarer Büroraum nicht mit Dingen vollgestellt, die Sie bequem woanders holen können, wenn Sie sie brauchen.

Bewirtungsutensilien konsequent in die Küche geben

PRAXIS

Plan zur Umsetzung

Was war mir in diesem Kapitel wichtig?

....

....

Wie sieht meine persönliche Büroorganisation verglichen mit dem Gelesenen aus?

....

....

Was möchte ich verändern?

....

a) noch heute?

....

....

b) innerhalb der nächsten 72 Stunden?

....

....

Was brauche ich dazu (besorgen, kaufen, bestellen, leihen ...)?

....

....

Wen werde ich (wie? – eben im Vorbeigehen oder als Aktennotiz ...) über die geplanten Veränderungen informieren?

....

....

Was habe ich tatsächlich innerhalb der geplanten Zeit umgesetzt?

....

....

Meine Belohnung dafür sieht folgendermaßen aus:

....

....

Teil B ENTSTAPELN, ORDNEN UND BESEITIGEN

Trotz der Tendenz zum papierlosen Büro bleibt viel Papier, und Papier hat eine Neigung, sich nach einiger Zeit zu Stapeln zusammenzurotten. Stapel strapazieren unsere Nerven, weil schon ihr Anblick uns daran erinnert, dass wir unsere Arbeit in der dafür vorgesehenen Zeit nicht organisiert bekommen.

Stapel sind eine permanente Belastung für unser Gedächtnis, weil es eine kaum vollbringbare Leistung ist, sich jederzeit auf Abruf zu erinnern, in welchem der Stapel der nun gerade gesuchte Vorgang liegt. Stapel geben uns das Gefühl, nicht kompetent zu sein, das wir dann auch manchmal nach außen tragen, indem wir einem Anrufer sagen müssen: „Ich rufe Sie später zurück, wenn ich den Vorgang gefunden habe."

Stapel sind psychologisch und arbeitstechnisch ein großes Problem

Stapel machen Druck und Druck macht schlechte Laune. Schlechte Laune motiviert nicht, den Papierbergen zu Leibe zu rücken. Sind die Berge schon auf ein gewisses Niveau angewachsen, ist es illusorisch zu glauben, wir könnten ihrer mit einem Schlag Herr werden. Wir warten immer auf einen geeigneten Zeitpunkt für die große Aufräumaktion: Wenn der Chef auf Reisen ist, wenn die Kollegin aus dem Urlaub zurück ist, wenn der Vorgang xyz abgeschlossen ist … Dummerweise wachsen die Berge aber während der Wartezeit immer weiter an und die innere Blockade nimmt ständig zu, sodass wir für jede Entschuldigung, warum es jetzt gerade nicht geht, dankbar sind.

Alles auf einmal aufräumen zu wollen ist eine große Illusion …

BEGINNEN SIE BEIM „ENTSTAPELN" AM BESTEN MIT KLEINEN SCHRITTEN.

Vertrauen Sie darauf, dass es wie bei einem kleinen ins Wasser geworfenen Stein ist: Er zieht Kreise oder kräuselt das Wasser auch noch in einem gewissen Umkreis um die Einwurfstelle. Ganz gleich, mit welcher der Entstapelungsmethoden (die ich im Folgenden vorstelle) Sie beginnen, ich bin sicher, Sie werden bald erste Erfolgserlebnisse haben und Erfolgserlebnisse machen Lust weiterzumachen.

… machbar und hilfreich sind die kleinen Schritte!

Tipp 7 Schaffen Sie für Abgeschlossenes eine Endstation – am besten Ordner!

Konsequent dynamische und abgeschlossene Vorgänge trennen!

Schriftstücke oder Vorgänge, die erledigt sind, aber dauerhaft aufgehoben werden müssen, gehören in einen Aktenordner, deshalb ist es günstig, zu jeder Hängemappe mit dynamischen Vorgängen einen thematisch passenden Ordner zu haben. Was nicht aufgehoben werden muss, kommt sofort in den Papierkorb. Überlegen Sie vor dem Ablegen in den Aktenordner sehr gut:

Kriterien für die Aufbewahrung

- Muss ich dieses Schriftstück wirklich aufbewahren, muss ich den gesamten Vorgang ablegen oder reicht es, wenn ich ein Blatt, aus dem die wichtigsten Inhalte hervorgehen, ablege?
- Handelt es sich um eine Information, die verloren ist, wenn ich sie nicht ablege oder kann ich sie mir im Zeitalter des Internets, in dem ich leichten und schnellen Zugang zu fast allen Informationen habe, jederzeit wieder besorgen?
- Muss ICH das Schriftstück archivieren oder reicht es, wenn es in einer anderen Abteilung abgelegt ist und ich bei Bedarf darauf zugreifen kann?

Dabei spielt die Frage eine Rolle, wie groß mein Sicherheitsbedürfnis ist und wie sehr ich in der Lage bin, anderen und ihrer Verlässlichkeit zu vertrauen.

UM IHR GEDÄCHTNIS ZU ENTLASTEN, KANN ES SINNVOLL SEIN, EINEN ORDNER „GEDÄCHTNISSTÜTZE" ANZULEGEN.

Ablagelisten sind hilfreich

Darin können Sie sich mit Hilfe einer Liste jederzeit erinnern, was Sie nach der Bearbeitung mit einem konkreten Vorgang getan haben.

Muster für eine Ablageliste

VORGANG	ERLEDIGT AM	ABGELEGT UNTER	WEITERGE-LEITET AN
XY	26.06.05	Papierkorb	Sylvia Hufstädt
ABC	03.07.05	abgelehnte Anfragen	Rolf Hammer
...	...	...	...

Eine solche Liste (die Sie natürlich auch lediglich im PC führen können) ermöglicht es Ihnen, bei einer Nachfrage schnell zu reagieren und einen Vorgang sofort wiederzufinden oder wiederzubesorgen. Insbesondere für die Fälle, in denen ein Vorgang thematisch unter verschiedenen Rubriken abgelegt sein könnte, ist eine solche Erinnerungsstütze nützlich.

Natürlich sind die Überschriften für eine solche Liste von Ihrem Bedarf abhängig, Sie können sie zum Beispiel ergänzen um „Thema", „Ergebnis" oder andere Kriterien, die Sie für sinnvoll halten. Machen Sie es sich nur nicht zu kompliziert, es geht hier wirklich nur um eine Erinnerungshilfe und nicht um die Möglichkeit, sich ausführlich zu informieren. Je zügiger Sie mit dem Ausfüllen fertig sind, desto größer ist die Chance, die Liste auch dauerhaft regelmäßig zu führen.

Bezeichnungen passend nach dem eigenen Bedarf wählen

 8 ### Begreifen Sie den Papierkorb als ein „einladendes" Möbel!

Der Papierkorb steht in der Regel unter dem Schreibtisch und wird deshalb von Besuchern meist nicht gesehen. Als Möbelstück wird er schon gar nicht betrachtet, deshalb ist er meist nichts anderes als eine (mittel-)große schwarze, weiße oder graue Tonne. Rein psychologisch ist der Papierkorb eher etwas Unangenehmes: Er läuft über, wenn er nicht regelmäßig geleert wird, er erinnert an Müll, er hat die Neigung, schmutzig zu werden, auch wenn wir mit Mülltüten arbeiten, was in ihm landet, ist durch's Rost des Interessanten gefallen.

Vielleicht hilft es, wenn wir unsere Einstellung zum Papierkorb ändern, um ihn öfter zu benutzen. Er ist letztendlich ein Möbelstück, das uns entlasten kann wie kaum ein anderes: Der Papierkorb macht frei! Damit es ein noch besseres Gefühl ist, ihn tatsächlich zu benutzen, sollte er in Form und Farbe Ihren Vorstellungen entsprechen. Für den Ästheten darf es sicher der chromfarbene Behälter einer Edelmarke sein, für den Kreativen der Behälter mit Motiven eines aufstrebenden Künstlers ... Der chronische Sammler mag Hilfe zur Selbsthilfe leisten, indem er den Papierkorb mit großen Aufschriften wie: „Sammel mich hier!", „Bitte benutz' mich jetzt!" oder „Lass mich nicht leer ausgehen!" versieht. Der Papierkorb ist für die meisten von uns ein echtes „Stiefkind". Ziehen Sie Ihren einmal aus seiner Ecke hervor. Ist er einladend? Macht er Sie an?

Keine Angst mehr vorm Wegwerfen der wirklich nicht mehr benötigten Dinge

Da das Äußere eine Rolle spielt: sorgen Sie für einen ansehnlichen Papierkorb!

Wenn Sie beides mit „Nein" beantworten, fassen Sie sich jetzt ein Herz und ein Portmonee und investieren Sie in Ihre Freiheit: Kaufen oder gestalten Sie sich einen neuen Papierkorb.

Ergänzend: Nicht nur wo Müll getrennt wird, sollte der Papierkorb ein PAPIER-Korb sein und lediglich Papier aufnehmen; nur so wird er psychologisch und faktisch zur „verlängerten Ablage" und ein Glied im Workflow. Alle übrigen Abfälle gehören in andere Behälter und die wiederum nicht unbedingt in Ihr Büro, sondern beispielsweise in die Teeküche o.Ä.

 Beleben Sie die Hängeregistratur, indem Sie kluge Namen erfinden!

Schauen Sie einmal, wie Sie Ihre Ordner und Hängemappen beschriftet haben. Manchmal werden Beschriftungen regelrecht vererbt: Der Vorgänger hat's so gemacht, der Vorvorgänger auch. Aber treffen diese Beschriftungen wirklich Ihren Geschmack? Auch die Arbeit mit Ordnern und der Hängeregistratur soll ja Spaß machen, wie viel Spaß macht es, ein Schriftstück in den Ordner „Angebote A – D" abzuheften? Neben der

Beschriftungen eindeutig und verständlich wählen ...

Eindeutigkeit der Beschriftung wie zum Beispiel „Messestand 2004" hilft auch Humor der leidigen Ablage ein etwas freundlicheres Gesicht zu verleihen. Wie wäre es also mit „Best of Messestand 2004" oder „Messestand 2004 – super war er"?

... aber Humor ist dabei nicht verboten!

Das ist zwar ein kleines bisschen mehr Aufwand bei der Beschriftung, der Aufwand lohnt aber, wenn Sie dafür schmunzeln müssen, wenn Sie die Tür Ihres Aktenschrankes öffnen.

Ganz schlimm sind Beschriftungen wie „Dringend!" oder „Sofort zu erledigen!", denn damit machen Sie sich selber Druck. Unnötiges Amtsdeutsch sorgt für Starre und erinnert an Bürokratie. Warum schreiben Sie anstatt „Zu erledigen!" nicht „Beantworte mich!", „Kümmer dich um mich!" oder „Mach was mit mir!" und anstatt „Rechnungen" nicht „Bezahl mich!".

Disziplin nicht mit Druck verwechseln, persönliche Noten bewahren

Denken Sie einmal drüber nach: Organisation und Ordnung haben zwar etwas mit Disziplin, aber nichts mit „Druck" und altbackenen Formulierungen zu tun. Nur weil's der Vorgänger so gemacht hat, heißt das noch lange nicht, dass Sie es genauso machen müssen. Nutzen Sie – wo von Ihnen unbeeinflussbare Aktenpläne nicht im Weg stehen – Ihre persönliche Freiheit und das Bedürfnis, Ihrem Büro Ihre persönliche Note zu geben.

Tipp 10 — Halten Sie die Hängeregistratur durch Veränderung „lebendig"!

Sorgen Sie dafür, dass Ihre Hängeregistratur lebt. Scheuen Sie sich nicht, die Namen der Mappen häufig zu wechseln. Ist ein Projekt abgeschlossen, wird das, was aufgehoben werden muss, in einen Aktenordner übernommen. Die alte Mappe bekommt dann sofort den Namen des neuen Projektes.

Um hier nicht in AUFSCHIEBERITIS zu verfallen, ist es günstig, wenn Sie eine Hängemappe opfern, in der Sie alles sammeln, was Sie zur Pflege der Hängeregistratur brauchen, also auch die Schildchen „Post-its". Diese sollten wir zwar nur sehr sparsam einsetzen, weil sie zur Zettelwirtschaft verleiten, aber gerade bei der Hängeregistratur können sie hilfreich sein, wenn wir langes Blättern vermeiden und schnelles Reagieren begünstigen wollen.

Kleben Sie auf den Deckel der Hängemappe einen Aufkleber mit dem Namen Ihres Ansprechpartners, der Telefonnummer, dem letzten Kontakt oder dem aktuellen Stand der Dinge, sparen Sie erheblich Zeit, wenn Sie „schnell mal anrufen" wollen. Hilfreich für eine schnelle Reaktion ist es auch, wenn Sie in der Hängemappe, die sie zur Pflege der Registratur eingerichtet haben, vorbereitete Brief- und Faxbogen für Schnellantworten bereithalten, so können Sie in einem Arbeitsgang Anfragen schnell beantworten, Bitten zügig erfüllen.

Hängeregistraturen nehmen die dynamische Ablage auf, also müssen sie ständig angepasst werden

Zusatztipp: Aufkleber mit wichtigen Basisdaten

Tipp 11 — Beweisen Sie Originalität bei der Anwendung der Hängeregistratur!

Wir gehen davon aus, dass eine Hängeregistratur ALLES organisieren kann, wenn wir es nur clever genug anstellen. Bleiben Sie also kreativ im Entdecken neuer Anwendungen. Haben Sie die Dinge, die Sie immer wieder suchen müssen? Dann bringen Sie sie doch in der Hängeregistratur mit Ihrem direkten Zugriff unter.

Zum Beispiel: Ein Freund des Schreibens mit dem Füllhalter hat eine Mappe mit Löschpapier, weil er vorher immer danach suchen musste oder ein Familienvater, der zu Hause arbeitet, hat eine Mappe mit Überraschungen für seine Kinder (Aufkleber, Rätselseiten, kleine Tütchen mit Gummibärchen). Natürlich brauchen Sie dafür unterschiedliche Arten von Mappen, informieren Sie sich über die angebotenen Varianten.

In die Mappen passt nicht nur Papier, sondern auch andere Utensilien

Tipp 12 — Verfahren Sie analog zum Entstapeln: Specken Sie Mappen regelmäßig ab!

Zur dynamischen Pflege gehört das Ausdünnen ...

Die meisten von uns fühlen sich leistungsfähiger, wenn sie ein paar Kilo abgespeckt haben. Auch unsere Hängeregistratur leistet mehr (für uns), wenn wir sie regelmäßig abspecken. Durchforsten Sie Ihre Registratur, wenn sie zu voll aussieht und einzelne Mappen sich nur noch schwer herausnehmen lassen. In jeder Mappe gibt es Dinge, die sich längst erledigt haben. Das geht schneller als wir denken. Nach nur zehn Minuten Entsorgen sind unsere Mappen in der Regel wieder voll funktionstüchtig.

... und auch das lieber in kleinen Schritten als ewig aufgeschoben!

Träumen Sie aber angesichts zu voller Mappen nicht vom großen „Rundumschlag", der Aufräumaktion, bei der dann alles perfekt ist – diese Aktion findet bei den meisten von uns niemals statt.

MACHEN SIE LIEBER EINEN KLEINEN 10-MINUTEN-SCHRITT, ABER DEN SOFORT.

Tipp 13 — Außenstationen entlasten Ordner

Kennen Sie das? Sie haben umfangreiche Geschäftsberichte oder Produktinformationen abzulegen, die sich zwar mit Hilfe von Plastikhüllen, Klebelaschen o.Ä. in Ordnern unterbringen lassen, aber aufgrund ihres Umfangs dazu führen, dass sich der Ordner schon nach kurzer Zeit nicht mehr schließen lässt?

Überquellende Ordner sind ein typisches Problem in allen Büros

Und wenn wir dann weit vorne etwas aus dem Ordner herausnehmen, schießt uns jede Menge Papier buchstäblich entgegen und wir haben ständig nur Mühe, den Wust wieder zurückzudrängen. Solche misslichen Ordner nerven jeden gehörig und stehen doch zuhauf in jedem Büro. Warum eigentlich?

Abhilfe bieten Stehsammler

Denn Abhilfe ist ganz einfach: Dinge, die nicht oder schlecht in den Ordner oder die Hängemappe passen, können Sie zum Beispiel in STEHSAMMLERN lagern. Achten Sie darauf, dass dieser aus stabilem Material, also wenn möglich nicht aus Pappe ist. Geben Sie dem Stehsammler eine eindeutige Beschriftung und stecken Sie als Erinnerung den Begleitbrief zum Geschäftsbericht in die Hängemappe. Eine kurze Notiz darauf „Geschäftsbericht im Stehsammler" sorgt dafür, dass Sie nicht lange suchen müssen.

Tipp 14 Keine Ausrede zur Ordnung von Vorgängen, die nirgendwo reinpassen!

Oft bleiben Schriftstücke liegen, von denen wir nicht wissen, wo wir sie ablegen sollen, weil sie in keine Kategorie passen.

ERÖFFNEN SIE KONSEQUENT MAPPEN UNTER DER BESCHRIFTUNG „ICH GEHÖRE NIRGENDWO REIN" ODER „ICH HABE NOCH KEINEN FESTEN PLATZ".

Entweder die Schriftstücke bleiben „Eintagsfliegen", die Sie nach einiger Zeit in Ihren neuen Papierkorb werfen können oder es sind nach einiger Zeit genügend Schriftstücke der gleichen Richtung vorhanden, dass es sich lohnt, einen neuen thematischen Ordner anzulegen und sie dort endzulagern.

Auch Unikate gehören in eine Mappe, die gepflegt wird

Tipp 15 Das Desk-Memory-Buch beendet die „Schmierzettelwirtschaft"

Ein sinnvoller Trick für alle, auf deren Schreibtischunterlage sich gekritzelte Telefonnummern und Notizzettel ansammeln: Räumen Sie regelmäßig alles zusammen, schneiden Sie notfalls Notizen aus einer großen Unterlage aus und kleben Sie alles in ein Heft mit dem Titel „Was bisher auf dem Schreibtisch lag". Der Vorteil dabei ist, dass Ihr Schreibtisch leer bleibt, aber im Notfall alle Informationen schnell verfügbar sind.

Kleben Sie Ihre Schmierzettel ins Memory-Buch

Meine Assistentin und ich begegnen uns nicht täglich im Büro und haben uns früher Zettel mit den wichtigsten Infos des Tages hinterlassen. Damit ist jetzt auch Schluss: wir schreiben alles in das wunderschöne Desk-Memory-Buch (natürlich immer versehen mit dem aktuellen Datum). Auch nach langer Zeit finden wir hier noch die Telefonnummer eines Anrufers wieder, die wir nicht ins Outlook übertragen haben, weil wir glaubten, es sei nur ein einmaliger Kontakt gewesen. Zettel, Zettelchen und post-it's liegen und kleben bei uns nirgendwo mehr herum. Wir haben uns nicht für eine einfache Kladde entschieden, sondern ein sehr schön anzusehendes und anzufassendes Ringbuch mit Lochung des Papiers, so können wir auch schnell mal eine Seite herausnehmen und sie in einen Ordner heften, wenn er zu diesem Vorgang angelegt wird.

Tipp 16 Staus frühzeitig erkennen – wehren Sie den Anfängen der Unordnung!

Wenn Sie trotz guter Vorsätze mit dem Aufräumen nicht nachkommen, liegt es häufig an einer Kleinigkeit: ein Stau, den Sie auf den ersten Blick gar nicht bemerken, weil er sich am Ende der Ordnungskette befindet.

Beispiel

Auf Ihrem Schreibtisch sammeln sich Kontoauszüge. Der Ordner für die Auszüge ist aber randvoll und Sie müssten einen neuen anlegen, was aber im Moment schwierig ist, weil das Regal bis auf den letzten Zentimeter mit Ordnern gefüllt ist. Eine komplette Umorganisation des Regals wäre notwendig, aber dazu haben Sie im Moment keine Zeit.

Auf dem Schreibtisch stapeln sich bald nicht nur die Kontoauszüge, sondern auch viele andere Schriftstücke. Sie wissen, dass irgendwo die wichtigen Bankbelege liegen, trauen sich aber gar nicht an den Stapel heran – ein Teufelskreis.

ENTWICKELN SIE EIN GESPÜR FÜR DERARTIGE STAUS UND NEHMEN SIE DIE ERFORDERLICHEN MASSNAHMEN SOFORT IN ANGRIFF.

Staus früh erkennen und nicht zur (Ablage-)Lawine werden lassen

Das ist wichtig, damit aus einem kleinen Schneeball, der lange durch den Schnee gewälzt wird, nicht eine riesige Schneekugel wird, die Sie zu überrollen droht. Prüfen Sie kritisch:

1. Was hindert Sie momentan daran, die herumliegenden Dinge aufzuräumen?
2. Was ist die Ursache für Ihre Unlust: eine überquellende Registratur, ein schwer erreichbarer Ordner oder eine noch nicht existierende Ablage für ein neues Arbeitsgebiet?

BEHERZIGEN SIE AUCH HIER DAS PRINZIP DER KLEINEN SCHRITTE.

Sie können und müssen nicht alle Blockaden auf einmal besiegen. Wenn Sie aber einen einzigen Störenfried erkannt haben, beseitigen Sie das aktuelle Problem sofort. Der Ordner mit den Kontoauszügen ist voll? Legen Sie einen neuen an und stellen ihn so lange neben den Schrank, bis Sie sich Zeit nehmen wollen, das Regal umzuräumen. So unterbrechen Sie den Teufelskreis und erzeugen einen positiven Schneeballeffekt. Hilfreich ist dabei die Idee, Ihren Schreibtisch als Abbild Ihres Gehirns zu betrachten. Was auf Ihrem Schreibtisch steht, haben Sie im Kopf. Ein gut sortierter Tisch ist ein aufgeräumter Geist.

Tipp 17 Mit „Dreierregel und Tauschhandel" halten Sie Ordner aktuell und schlank

Jedes Mal, wenn Sie in einem stetig wachsenden Informationsordner etwas suchen, entfernen Sie drei veraltete Informationen. Bedenken Sie das Prinzip der kleinen Sofort-Schritte. Freuen Sie sich über jedes Stück Papier, das im Altpapier landet: Es erleichtert Ihre Mappen, Ihr Gewissen und Ihr Zeitbudget.

Bei jedem Benutzen eines Ordners mit auf veraltete Vorgänge achten

Um Ihre Ablage nicht zu einer explosionsartig wachsenden Papierflut zu machen, werfen Sie für jede neue Information, die hineinkommt, sofort eine ältere hinaus. Betrachten Sie Ihre Papiere nicht als unvergänglichen Besitz, sondern als Gäste, die nicht ewig bleiben müssen.

Neue Infos einheften und dabei alte Infos wegwerfen

Tipp 18 Behalten Sie die gesamte Ablage durch regelmäßiges Durchsehen im Griff!

Die Zwischendurchstrategie

Legen Sie am Vorabend jeden Arbeitstages eine oder zwei (keinesfalls im Übereifer mehr!) zu verschlankende Mappen, Ordner oder Ablagekörbe auf Ihren Schreibtisch. Am nächsten Tag schauen Sie diese „so ganz nebenbei" durch, beim Pausenkaffee, bei Wartezeiten, zwischen zwei Terminen oder zur Entspannung, wenn Sie Ihr persönliches Tagestief spüren.

Sich ein tägliches Ordnungspensum vornehmen

Das Verfallsdatum

Kennzeichnen Sie auch Mappen oder Ordner, die zu einem bestimmten Zeitpunkt ihren Nutzen verlieren, mit einem auffälligen „Verfallsdatum". Das ist zum Beispiel bei zeitraumbezogenen Planungen und Kalkulationen möglich: „Ins Altpapier am 31.12.06" oder „Ins Archiv am 30.06.05". Zusätzlich können Sie eine Wegwerf-Erinnerung in Ihre Wiedervorlage legen oder in Ihren Terminkalender aufnehmen. Das hilft Ihnen gut bei der Zwischendurchstrategie.

Mit „Verfallsdaten" und Wegwerf-Erinnerungen arbeiten

Die 75-Prozent-Regel

Reagieren Sie nicht erst bei 120 Prozent Überfüllung Ihrer Ordnungssysteme, sondern agieren Sie bereits bei einem Auslastungsgrad von 75 Prozent. Das heißt: Betrachten Sie einen Ordner als voll, wenn er etwa zu 75 Prozent gefüllt ist. Ein Regalbrett von einem Meter Breite sollte nur 75 Zentimeter Bücher und Ordner enthalten. Es ist wesentlich einfacher zu handeln, solange Sie KÖNNEN und nicht erst, wenn Sie unbedingt handeln MÜSSEN. In der Verbindung mit „müssen" fühlen wir uns fremdbestimmt und bauen innere Barrieren gegen die unvermeidbare Tätigkeit auf. In der Kombination mit „können" fühlen wir uns in der Handlung als Macher, als Agierender, der selbst seine Ordnungssysteme kontrolliert, und zwar dann, wenn er selbst es will. Das ist für die Leichtigkeit, mit der wir die Dinge umsetzen, ein Riesenunterschied.

Keine Ablage voll ausnutzen, sondern vorher ausdünnen

Tipp 19 Erweitern Sie das „Projektfest" auf Ihre Ablage!

Projektmanagern ist das „ordentliche" Ende durch ein „Projektfest" wichtig. Schließen Sie in den Abschluss von Aufgaben doch einfach Ihre Ablage mit ein und gehen Sie alle betroffenen Ordner und Mappen durch. Geben Sie alle nicht mehr benötigten Unterlagen zurück oder werfen Sie sie fort.

Nur für das, was nach einer abgeschlossenen Aufgabe später noch gebraucht werden könnte, legen Sie einen Archivordner an.

Und dann? Konsequentes Handeln darf, ja soll – siehe oben – belohnt werden: Feiern Sie, dass Sie es geschafft haben.

Zum Projektschluss auch die Ablage schließen

... und das Feiern nicht vergessen

Tipp 20 Machen Sie rigoros Schluss mit der Aufschieberitis!

Packen Sie die unangenehmen Aufgaben als Erstes an. Ob zum Beispiel eine Mehrwertsteuerabrechnung, eine Statistik, ein Brief zu einer Reklamation, die Sie nicht anerkennen können oder ein Telefonat mit einem schwierigen Kunden – früher oder später muss es ohnehin erledigt werden. Je länger Sie warten, desto größer die Qual. Anders herum: Je schneller Sie handeln, desto höher ist das Maß an Zufriedenheit mit sich selbst.

Nicht aufschieben, was ohnehin gemacht werden muss

*RESERVIEREN SIE EXTRA-ZEIT, IN DER SIE MÖGLICHST UNGE-
STÖRT UNANGENEHME VORGÄNGE BEARBEITEN KÖNNEN.*

Teilen Sie die Aufgabe in Teilschritte auf, wenn der Zeitrahmen
nicht ausreicht. Nach getaner Arbeit sind Kopf und Schreibtisch „in Ordnung".

*Teilen in Schritte kann
hilfreich sein*

21 Vorsicht: Beachten Sie bei aller Ver-
schlankung die Aufbewahrungsfristen!

Wir sind immer ängstlich bedacht, die Aufbewahrungsfristen
nicht zu unterschreiten, aber sind wir genauso darauf bedacht,
sie nicht zu überschreiten? Längst nicht alle Unterlagen und
Dokumente haben eine Aufbewahrungsfrist von zehn Jahren.
Rechtlich gibt es Fristen von sechs und von zehn Jahren, die mit
dem Schluss des Kalenderjahres beginnen und die folgende
Übersicht bietet Ihnen eine Orientierung. Im Einzelfall klären
Sie das besser konkret ab (z.B. Steuerberater fragen).

*Fristen genau handhaben
– nichts zu früh wegwer-
fen, aber die Ablage auch
nicht zu lange belasten*

BEISPIELE FÜR AUFBEWAHRUNGSFRISTEN (QUELLE: KFW FRANKFURT/MAIN)		
Sechs Jahre		**Zehn Jahre**
• Anträge auf Arbeit-nehmersparzulage • Auftragsbestäti-gungen • Außendienstabrech-nungen • Bankauszüge • Beitragsabrechnungen zur Sozialversicherung • Bestellungen • Bewirtungsbelege • Buchungsbelege und Daueraufträge • Fahrtkostenbelege • Gebrauchsunterlagen • Gehaltskonten und -listen • Geschäftsbriefe	• Inventurunterlagen • Kassenzettel • Kreditunterlagen • Mahnungen • Materialentnahme-scheine • Nachweise zu Investi-tionszulagen • Provisionsab-rechnungen • Quittungen • Rechnungen • Rechtsstreitfälle mit Unterlagen • Reisekostenabrech-nungen • Schriftwechsel • Sparprämienunterlagen	• Handelsbücher • Eröffnungsbilanzen • Jahresabschlüsse • Belege der Offene-Posten-Buchhaltung • Geschäftsberichte • Gewinn- und Verlust-Rechnung • Grundbücher • Grundstücks- und Gebäudeverzeichnis • Gutschriften bei Offene-Posten-Buchhaltung • Handelsbilanz • Inventarlisten (Fortsetzung nächste Seite)

Sechs Jahre	Zehn Jahre
• Umsatzsteuervoran-meldungen • Verträge • Wechsel • Werbegeschenknach-weise • Zahlungsanweisungen • Zinsabrechnungen	• Kassenbücher und -blätter, Kostenträger-rechnung • Programmbeschrei-bung für das Buchfüh-rungsprogramm • Rechnung der Offene-Posten-Buchhaltung • Steuererklärungen • Wareneingangs- und Ausgangsbücher

Das Problem für unsere Ordnung im Büro liegt darin, dass häufig alte Dokumente viel länger aufgehoben werden als notwendig, weil sie einfach in Ordnern in Vergessenheit geraten. So wird der Platz in unseren Regalen immer enger und die Stapel Papier, die nicht mehr in einen entsprechenden Ordner passen, werden immer höher.

SINNVOLL IST ES, AUF DEM ORDNER DAS ENDE DER AUFBE-WAHRUNGSFRIST ZU VERMERKEN.

Auch hier mit dem Prinzip des Verfalls-datums arbeiten

Nutzen Sie also das Prinzip des Verfallsdatums auch hier und verfahren Sie mit Dingen, die weggeworfen werden können, wie in ▶ **TIPP 18** beschrieben.

Beachten Sie dabei aber auf jeden Fall folgende Details: Die Aufbewahrungsfrist beginnt mit dem Schluss des Kalenderjahres, in dem die Eintragung in das Handelsbuch gemacht, das Inventar, die Eröffnungsbilanz, Jahresabschlüsse oder die Konzernabschlüsse aufgestellt sind, der Handels- oder Geschäftsbrief empfangen oder abgesandt wurde oder der Buchungsbeleg oder die sonstigen Unterlagen entstanden sind. Bei Verträgen beginnt die Aufbewahrungsfrist mit dem Ende des Jahres, in dem der Vertrag endet. Entsprechendes gilt für Willenserklärungen.

Die Aufbewahrungszeit endet nach Ablauf der gesetzlich vorgeschriebenen Fristen. Erst dann dürfen die Unterlagen vernichtet werden. Gehen Sie also sorgfältig vor, denn:

WERDEN DIESE FRISTEN NICHT BEACHTET, DROHT EINE SCHÄTZUNG DER BESTEUERUNGSUNTERLAGEN.

Ergänzung zum Fall elektronischer Speicherung

Seit 2001 haben Betriebsprüfer des Finanzamtes weit reichende Zugriffsrechte auf elektronisch gespeicherte Daten und EDV-gestützte Buchhaltungssysteme. Für Daten, die nach dem 1.1.2002 entstanden sind, gilt eine zehnjährige digitale Aufbewahrungsfrist für Bücher, Buchbelege und Aufzeichnungen, Inventare, Jahresabschlüsse, Lageberichte, die Eröffnungsbilanz sowie die zu ihrem Verständnis erforderlichen Arbeitsanweisungen und sonstigen Organisationsunterlagen.

Auch für elektronische Daten gelten gesetzliche Fristen

Tipp 22 So bekommen Sie System in Ihre Unterlagen: Das Ablage-Management

Die Aufbewahrungspflichten, die begrenzte Kapazität unseres Gedächtnisses, unser Bedürfnis nach Absicherung und die Verpflichtung, einen sicheren Informationsfluss im Unternehmen zu gewährleisten, lassen uns keine andere Wahl: Wir müssen Vorgänge und Schriftstücke ablegen und archivieren.

DAS OBERSTE GEBOT FÜR EIN EFFEKTIVES ABLAGE-MANAGEMENT LAUTET: „EINFACH STATT MEHRFACH".

Haben Sie auch einen Stapel mit der Aufschrift „To Do" auf Ihrem Schreibtisch liegen? Ein klassisches Zeichen dafür, dass Sie zu den „Mehrfachlern" gehören und sich damit unnötiger Belastung aussetzen. Jedes Schriftstück steht für eine Aufgabe, die noch zu erledigen ist. Dieser Stapel ist erdrückend, weil er so unübersichtlich ist und allzu schnell haben wir den Inhalt des Stapels vergessen und der vermeintliche Erinnerungseffekt des Schriftstücks ist dahin.

Optimal wäre immer die sofortige Ablage ...

Nicht neu, aber vielfach erprobt ist eine Kombination aus Kalender (mit To-Do-Liste) und Hängemappen. Natürlich wäre die Idee, jedes Schriftstück nur einmal in die Hand zu nehmen, am leichtesten umzusetzen, wenn wir alle Ablage-To-Do-Körbchen abschaffen würden. Wir müssten dann jedes Schriftstück, jeden Vorgang sofort seiner Bestimmung entsprechend erledi-

... sie ist unrealistisch; Erleichterung schafft eine „To-Do-Registratur"

gen oder zuordnen. Sehr einfach im Grunde, aber durch die vielen Störungen und Ablenkungen und den manchmal gehörigen Zeitdruck in der Praxis nicht dauerhaft zu realisieren.

Erleichterung schafft die Hängeregistratur, in der sich alle aktuellen Vorgänge befinden. Drehen Sie Ihren To-Do-Stapel doch einmal um 90 Grad um und sortieren Sie die einzelnen Arbeitsaufgaben in eine Hängeregistratur ein. Nun hat jede Aufgabe ein Fach, kann mit Aufsteckreitern beschriftet und gut eingesehen werden. Aus dem unübersichtlichen Stapel wird so ein transparentes Gebilde, auf das Sie jederzeit – und ohne Zeitverlust durch langes Suchen – zugreifen können.

Zugleich lassen sich Strukturen bilden

Durch das Ordnen und Zusammenfassen gleicher Aufgaben entstehen entsprechende „Arbeitsblöcke", die zusätzlich in eine Hierarchie gestellt werden können. Die Mappe mit den wichtigsten und dringendsten Aufgaben wird ganz vorne eingeordnet. Um sicherzustellen, dass wir die in den Mappen untergebrachten Vorgänge nicht vergessen, machen wir einen entsprechenden Eintrag in der To-Do-Liste, im Kalender oder Zeitplanbuch. (Wie zu Beginn erwähnt, habe ich einen Hang zum Missbrauchen der Wiedervorlagemappe, in die ich aktuelle Vorgänge unter dem Tag, an dem ich sie bearbeiten will, ablege. Die Nachteile liegen auf der Hand: Die Wiedervorlage wird sehr schnell monströs – der Deckel musste bei uns schon mehrfach geklebt werden – und bei Anrufen und Nachfragen weiß ich nicht auf Anhieb, unter welchem Tag ich den Vorgang abgelegt habe.)

DIE HÄNGEREGISTRATUR IST FÜR AKTUELLE VORGÄNGE SINNVOLL EINGESETZT, WENN WIR UNS DARAN ERINNERN, DASS SIE ALS ZWISCHENSTATION FUNGIERT.

Kein Papier sollte länger als drei Monate darin lagern.

Checkliste für das Ablagesystem

Kriterien/Fragen zur Detailgestaltung der Ablage

- Was tun Sie, wenn ein Brief in drei Ordner gehören könnte? (Zum Beispiel in einem der drei Ordner ablegen und in die beiden anderen Verweiskarten heften)
- Ist das Ordnungsprinzip klar und durchgängig verwirklicht, nachdem Sie die Registratur eingerichtet haben?
- Wie handeln Sie in Grenzfällen bei der alphabetischen Ablage, behandeln Sie das „ü" in „Müller" als „u", als „ue"

oder als selbstständigen Buchstaben? (Entscheidend ist nicht das Prinzip, sondern die einheitliche Verwirklichung!)

- Ist sichergestellt, dass auch ein Dritter sich in Ihrer Ordnung zurechtfindet (zum Beispiel im Vertretungsfall)?

Die alphabetische Registratur

- Namen ohne Vornamen kommen zuerst, also „Becker" vor „Becker, Bernhard".
- Abgekürzte Namen stehen vor ausgeschriebenen, also „Becker, B." vor „Becker, Bernhard".
- Titel werden nicht berücksichtigt, darunter fallen auch akademische.
- Besteht der Name eines Unternehmens aus einem Personennamen und einem Zusatz, behandelt man den Zusatz wie einen Vornamen, also „Becker, Bernhard" vor „Becker & Bernhard".

Kriterien für die formale Sortierung

Tipp 23 Halten Sie Ihr Büro wohnlich: Behandlung der Altablage

Unser Büro ist der Ort, an dem wir uns – meist an fünf Tagen in der Woche – wesentlich länger aufhalten als in unserem Wohnzimmer. Deshalb ist es umso wichtiger, dass wir uns dort wohl fühlen. Besteht unser Büro nur aus immer neuen geschlossenen Schränken (langsam, aber sicher deckenhoch) wird es schwieriger den Arbeitsraum als motivierenden Lebensraum zu empfinden. Wächst das Unternehmen, wächst die Papiermenge, wächst die Ablage.

Büroräume sollen und dürfen nicht wie das Archiv aussehen!

TREFFEN WIR DESHALB EINE UNTERSCHEIDUNG ZWISCHEN „LEBENDIGER" UND ALTABLAGE.

Die Altablage wird aus dem Büro verbannt, sonst haben wir irgendwann kein Büro mehr, sondern sitzen in einem Archiv. In dem separaten Raum, in dem die Altablage untergebracht wird, sollte so viel Ablage wie möglich auf engem Raum untergebracht werden, aber immer so, dass wir jeden Vorgang schnell finden können (zweckmäßige Regal-Systeme nutzen).

Tipp 24 Der ganz praktische Umgang – das Handling der Ablage

Basisregeln

1. Ein Schriftgut sollte sich möglichst nur an drei Stellen befinden:
   - in der Bearbeitungsmappe,
   - in der Vorablage,
   - in der Ablage.

   Dabei sollte der Vorordner nach den gleichen Kriterien aufgeteilt sein wie die Ablage selbst.

2. Legen Sie möglichst jeden Tag ab, damit sich keine Stapel anhäufen, in denen ein Vorgang nur zeitraubend gefunden werden kann.

3. Befindet sich ein Vorgang oder ein Teil des Schriftgutes an anderer Stelle, legen Sie zur eigenen Entlastung eine Hinweiskarte in die Ablage.

4. Das jeweils Neueste sollte obenauf liegen.

5. Akten, die Sie häufig benutzen, sollten Sie in bequeme Griffhöhe stellen. Seltener Benötigtes steht ganz oben oder unten im Aktenschrank.

6. Sorgen Sie konsequent dafür, dass die Ordner rechtzeitig ausgedünnt werden, sonst kann es passieren, dass diese zeitraubende Aufgabe während der Hochsaison auf Sie zukommt.

7. Achten Sie beim Ablegen darauf, dass Sie den Ordner in die richtige Lücke zurückstellen.

8. Motivieren Sie den Ablegenden richtig (wenn Sie es selbst sind, motivieren und/oder belohnen Sie sich selbst!).

Das Ablage-Management ist eine wichtige Aufgabe, die aufgrund ihrer Eintönigkeit viel zu gering geschätzt wird. Funktioniert die Ablage nicht, stockt (nicht nur) die Postbearbeitung und es geht wertvolle Zeit durch Suchen verloren.

Die Detaillierung ist abhängig von Branche, Büro etc.

Wie schön wäre es, wenn wir grundsätzlich sagen könnten: Ein Ablagesystem muss so und so aussehen. Aufgrund der Verschiedenartigkeit der Aufgaben (abhängig von Produkt oder Dienstleistung), des Organigramms und der Aufgabenverteilung ist eine Ablage immer sehr individuell und muss konsequent auf die Bedarfe Ihres Unternehmens zugeschnitten sein.

Übernahme einer Ablage

Haben Sie eine bestehende Ablage übernommen, mit der Sie gut und effizient arbeiten können, schicken Sie ein Stoßgebet zum Himmel und loben Sie Ihre Vorgänger in den höchsten Tönen. Davon abgesehen, dass Menschen, die ein Unternehmen verlassen, häufig als Erstes die Ablage vernachlässigen, grenzt es schon beinah an ein Wunder, wenn Ihr Vorgänger die gleiche Struktur und Systematik zugrunde gelegt hat wie Sie es auch tun würden.

Mit der Ablage in Ihrem Arbeitsumfeld müssen natürlich in erster Linie Sie arbeiten, deshalb ist es auch Ihr gutes Recht, die Ablage nach Ihren Vorstellungen zu organisieren, aber erstens müssen Sie dann an dieser Stelle (gleich am Anfang, sonst gewöhnen Sie sich an das bestehende System und ändern nie!) viel Zeit investieren und zweitens haben Sie wahrscheinlich nicht alleine Zugriff auf diese Registratur. Sprechen Sie deshalb geplante Veränderungen in der Ablage mit all denen ab, die auch damit arbeiten, sonst handeln Sie sich unter Umständen Konflikte ein, denn viele Menschen mögen keine Veränderungen, wenn sie sich erst einmal an etwas Bestehendes gewöhnt haben. Und wer weiß, vielleicht erscheint das, was Sie logisch finden, Ihrem Chef oder den Kollegen absolut unlogisch. Seien Sie deshalb offen für die Anregungen anderer und setzen nicht Ihre Ideen um jeden Preis durch.

Nicht belassen, womit man nicht zurechtkommt, aber Änderungen kommunizieren!

Einrichten einer neuen Ablage

Richten Sie eine Ablage neu ein, bedenken Sie: Blinder Aktionismus ist hier der falsche Ansatz. In diesem Fall geht es weniger um Geschwindigkeit als um ein gut durchdachtes System. Beraten Sie sich mit den Kollegen, die in Zukunft auch mit Ihrem System arbeiten werden, sammeln Sie Ideen und Vorschläge bevor Sie zur Umsetzung schreiten. Sie stellen an dieser Stelle Überlegungen für eine jahrelange Zukunft an.

Durchdacht und mit Rückfragen sowie ohne Hektik vorgehen

Und wenn sich im Alltag zeigen sollte, dass Ihr System an der einen oder anderen Stelle nicht sinnvoll ist, zögern Sie nicht, die nötigen Veränderungen sofort vorzunehmen. Bei aller Voraussicht und Planung entstehen eben manche Wege erst beim Gehen. Sie haben keinen Fehler gemacht, sondern nur festgestellt, dass, wie so oft, Theorie und Praxis zweierlei Paar Schuhe sind.

Transparenz in der Ablage und Aktenplan

Egal ob weiterentwickelte oder neu geschaffene Ablage: Das Motto „Meine Ablage – mein Geheimnis" ist in allen Betrieben ungeeignet, in denen mehr als eine Person auf die Ablage zugreifen muss. Effektive und effiziente Büroorganisation verträgt sich nicht mit dem Archiv der guten alten Zeit, in der sich Archivar/in den Durchblick vorbehalten und sich so unentbehrlich machen konnte. Es ergibt keinen Sinn, dass Sie vor Ihrem Urlaub eine Schulung zum Thema „So arbeiten Sie mit meiner Ablage" durchführen und Sie müssen auch Vorsorge für den Fall treffen, dass Sie einmal ungeplant ausfallen. Zu

Andere Benutzer bedenken, mit Ablageplänen arbeiten

jeder Ablage gehört deshalb ein Ablageplan, aus dem deutlich hervorgeht, wie Ihre Ablage aufgebaut ist und wo man was finden kann. Diesen Plan hängen Sie am besten deutlich sichtbar in einem der Aktenschränke auf. Natürlich macht das Erstellen eines solchen Planes einmalig zusätzlich Arbeit, aber dauerhaft wird er Sie entlasten und damit signalisieren Sie auch Kompetenz. In größeren Betrieben und Behörden werden Aktenpläne sowieso zentral und systematisch entwickelt und verpflichtend gemacht.

25 Diese drei Methoden verhelfen zur konsequenten Durchführung Ihrer Ablage

Trotz aller guten Vorsätze gelingt es uns nicht immer, unsere Ablage konsequent zu managen, sowohl unser innerer Schweinehund als auch das Unverständnis im Arbeitsumfeld sorgen dafür, dass uns ein (manchmal gar nicht so unwillkommener!) Strich durch die Rechnung gemacht wird.

Optik hilft gegen den falschen Ort

Sie haben gerade ein paar Ordner auf dem Tisch, in die Sie Papier ablegen wollen und plötzlich kehrt unerwartet Hektik ein und Sie stellen die Ordner in die Schränke zurück, dummerweise in der Eile nicht an den Platz, wo sie üblicherweise stehen. Beim nächsten Zugriff müssen Sie suchen, weil die Ordner sich alle so ähneln ...

Mit Farben differenzieren

Hilfreich kann es sein, wenn unterschiedliche Themengebiete verschiedenfarbige Ordner erhalten, dann fällt ein falsch einsortierter sofort auf. Wer das nicht mag (weil es die Ästhetik stört), kann auch nur die Farbe der Beschriftung auf den Ordnerrücken variieren. Wir haben z.b. Seminarordner mit nach Themen sortierten Inhalten (z.b. Konfliktmanagement, Telefontraining, Teamentwicklung ...). Fehlt die Zeit, die Ordner nach Farben umzugruppieren, unterstreichen wir häufig benötigte Themen einfach mit einem dicken Stift rot. So fallen sie gegenüber weniger benötigten Ordnern sofort ins Auge.

Den Ablagestau ohne Chance lassen

Eigentlich wollten Sie die Ablage täglich machen, aber das ist wieder mal nicht gelungen und jetzt ist die Woche zu Ende und das Körbchen läuft fast wieder über. Ausgerechnet heute, am Freitag, tanzt der Bär und es wird keine Zeit mehr geben, die Dokumente an ihren Bestimmungsort zu bringen ...

Bauen Sie sich eine Notbremse ein. Die meisten Ablagekörbchen sind dummerweise so hoch, dass es bereits eine Stunden-Arbeit ist, den Inhalt eines vollen Korbes abzuheften. Malen oder kleben Sie sich einen gut sichtbaren „Eichstrich" auf Ihren Ablagekorb. Wenn der Eichstrich erreicht ist, zählt keine Ausrede mehr, dann wird die Ablage erledigt, selbst wenn Sie dafür eine halbe Stunde länger bleiben müssen. Danach fühlen Sie sich aber befreit und müssen die Gedanken an den Ablagestau nicht mit in den Feierabend nehmen.

Durch „Eichstriche" übervolle Körbchen verhindern

Machen Sie einen Termin mit sich selbst

Viele haben ihn längst eingeführt, den täglichen Termin mit sich selbst (siehe auch später im Abschnitt zum Zeitmanagement). Zum Beispiel täglich zwischen 16.00 und 16.30 Uhr ist die Zeit des Aufräumens und Sortierens dessen, was tagesaktuell ansteht oder dessen, was Sie unbedingt umsetzen wollen, um Ihr Büro gut in den Griff zu bekommen. Dummerweise können Sie aber nicht alle Störungen abstellen und oft ist es dann wieder nichts mit den guten Vorsätzen ...

Disziplin hat viel mit Konsequenz zu tun. Kündigen Sie potenziellen „Störern" (allen, die es wissen müssten und auch Ihrem Chef) an, dass Sie von nun an täglich um 16.00 Uhr einen halb- oder viertelstündigen (je nach Bedarf, aber konsequent immer die gleiche Zeit) Termin mit sich selbst haben, zu dem Sie nicht ansprechbar sind und für andere Aufgaben nicht zur Verfügung stehen. Sie sind einfach nicht da, so als hätten Sie das Büro bereits verlassen oder seien einfach im Haus unterwegs. Wer

Konsequent und regelmäßig ablegen

Bei der Zeitplanung einen Termin mit sich selbst einbauen

geht ans Telefon, wenn Sie nicht da sind? Wer macht mal eben ein paar Kopien? Wer nicht da ist, kann nicht telefonieren, kann keine Kopien machen.

Als kleiner Zusatztrick hilft eine optische Erinnerung (Menschen vergessen ja ach so leicht und besonders das, was ihnen nicht so gefällt ...), hier nur ein kleines Beispiel als Idee: Legen Sie einen Hut oder eine Kappe in Ihr Büro (dieser Trick hilft nur, wenn Sie gewöhnlich nicht mit Hut arbeiten) und setzen Sie ihn pünktlich zum Termin mit sich selbst auf. Ihr Chef kommt rein, hat vergessen, dass Sie einen Termin haben, bei dem Sie zwar sichtbar, aber eigentlich nicht da sind, sieht Ihren Hut, grinst (es sei denn er oder sie ist völlig humorlos) und verzieht sich wieder. „Hut auf" ist damit für Sie und alle anderen das eindeutige Signal „Jetzt bitte nicht – ich habe Termin mit mir selbst".

Natürlich mag es die eine oder andere Situation geben, wo Sie einen Kompromiss machen müssen, aber achten Sie darauf, dass es eine Ausnahme bleibt. Es darf nicht so weit kommen, dass der Termin mit sich selbst die Ausnahme ist. Konsequenz ist angesagt.

Sie tun das nicht für sich selbst, sondern für effiziente Arbeitsabläufe im Unternehmen.

PRAXIS

Plan zur Umsetzung

Was war mir in diesem Kapitel wichtig?

....

....

Wie sieht meine persönliche Büroorganisation verglichen mit dem Gelesenen aus?

....

....

Was möchte ich verändern?

....

a) noch heute?

....

....

b) innerhalb der nächsten 72 Stunden?

....

....

Was brauche ich dazu (besorgen, kaufen, bestellen, leihen ...)?

....

....

Wen werde ich (wie? – eben im Vorbeigehen oder als Aktennotiz ...) über die geplanten Veränderungen informieren?

....

....

Was habe ich tatsächlich innerhalb der geplanten Zeit umgesetzt?

....

....

Meine Belohnung dafür sieht folgendermaßen aus:

....

....

Teil C ORDNUNG IM PC

Sind Sie nach 1975 geboren? Dann brauchen Sie dieses Kapitel wahrscheinlich nur oberflächlich zu lesen oder greifen einzelne Tipps heraus, weil Sie wahrscheinlich mit dem PC und seinen vielfältigen Möglichkeiten aufgewachsen sind. Wenn Sie vor 1975 geboren sind, geht es Ihnen vielleicht wie mir, die sich immer noch manchmal darüber wundert, welche komischen Dinge mein PC – scheinbar ohne mich – tut. Ich gehöre nämlich zu der Generation, die einen Personal-Computer nicht zur Einschulung bekommen hat, sondern ich hatte erst mit Ende 20 so ein klobiges Teil auf meinem Schreibtisch stehen. Das war kein nettes, hübsch anzusehendes Detail meiner Büroausstattung, mit dem ich ein bisschen experimentieren konnte, sondern ein Monstrum, von dem der Chef damals wollte, dass ich es von heute auf morgen nutzte.

Erste Erfahrungen mit dem PC

Ich kann mich noch gut an die Zeit erinnern, als ich mich mit Händen und Füßen gegen dieses unförmige Teil auf meinem Schreibtisch gewehrt habe: „Ich habe doch so eine wunderbare elektrische Schreibmaschine und ein gut funktionierendes time-system zur Terminplanung, wozu brauche ich dieses Monstrum?" Meine Einwände wurden gnadenlos überhört, dafür bekam ich eine PC-Schulung. Sind Sie schon einmal zu einem Thema geschult worden, von dem Sie gar keine Ahnung haben und darüber hinaus auch keine haben wollen? Noch dazu von einem Experten, der ganz viel Ahnung hat, aber dummerweise einen Teil deutscher Sprache verwendet, zu dem Sie keinen Zugang finden? Gut, dann wissen Sie, wovon ich spreche. Mir hagelte das Fachvokabular um die Ohren und ich verstand nichts. Im Anschluss an die Schulung saß ich vor meinem grauen Kasten wie das Kaninchen vor der Schlange. Es gab keinerlei Formatierung in meinem Schreibprogramm, ich hatte keine Maus, sondern musste immer über Alt- und F-Nochwas-Funktionen gehen. Manchmal öffneten sich dann noch unübersichtliche Unterfunktionen, mit denen ich nichts anfangen konnte. Die zu schreibenden Briefe und Dokumente auf meinem Schreibtisch häuften sich und der Zeitdruck und auch der meines Chefs nahmen zu ... Ahnen Sie, welche Hal-

tung ein Mensch mit einer solchen Ersterfahrung einem Personal-Computer gegenüber hat?

Zum Glück ist heute vieles einfacher geworden (und irgendei-
nen Lernprozess gab es trotz meiner Ablehnung auch bei mir),
aber mein bester Freund ist der PC auch heute noch nicht. Zu
oft tut er diese verdächtigen, eigenständigen Dinge, die offensichtlich nicht von mir gesteuert werden. Immer noch habe ich
Angst, mich von der Technik abhängig zu machen. Aber ich
kann nicht leugnen, dass ich die vielfältigen Möglichkeiten –
vor allem der Informationsbeschaffung und -weitergabe des
Internets und die Erleichterung, die die Arbeit mit Outlook mir
bringt – durchaus zu schätzen weiß.

Hier geht es darum, auch im PC eine Grundordnung herzustel-
len und zu erhalten, die Ihnen die Büroorganisation erleichtern und einen Zeitgewinn mit sich bringen wird. Ich beschrän-
ke mich bei meinen Tipps auf das, was mir im Laufe der Zeit als
nützlich erschienen ist. Wenn Sie sich ausführlich mit dem
Thema auseinandersetzen wollen, empfehle ich Ihnen ein sehr
gutes Buch von Lothar Seiwert, Holger Woltje und Christian
Obermayr: „Zeitmanagement mit Microsoft Office Outlook".

Bei der Erstellung eines Ordnungssystems im PC kam es mir
auf dreierlei an:
- Ich wollte ein einfaches und einfach einzurichtendes System haben
- Schon beim ersten Blick auf den PC das Gefühl von Übersichtlichkeit haben
- Schnell bestimmte Informationen wiederfinden können.

Alle Tipps sind also auf dieser Basis zusammengestellt. Da ich
mit Microsoft Windows arbeite, kann ich am besten dazu etwas sagen. Bei anderen Betriebssystemen sind die Arbeits-
schritte allerdings oft ähnlich.

Tipp 26 Gestalten Sie den Desktop übersichtlich!

Zu viele Icons, willkürlich auf dem Desktop verteilt, wirken schon auf den ersten Blick chaotisch. Ich habe mich für ein gutes Ordnungsgefühl auf wenige Icons beschränkt, und zwar:

- Microsoft Word
- Explorer/Internet
- Outlook
- Eigene Dateien (unter denen die Unterordner angelegt sind)
- Privatordner (Bilder, private Unterlagen, Bewerbungen etc.)

Überlegen Sie für Ihre persönliche Situation, welche Icons Sie auf dem Desktop haben wollen.

Nicht den Ordner „Eigene Dateien" undifferenziert verwenden!

Solange kein anderer Ordner benannt wird, wird das Dokument automatisch unter „eigene Dateien" gespeichert, wodurch es schnell unübersichtlich wird. Denken Sie deshalb beim „Speichern unter" immer daran, einen Bestimmungsort anzugeben.

Sie können den Standardordner natürlich ändern und das geht so:

- Über den Menüpunkt EXTRAS – OPTIONEN aufrufen und in das Register SPEICHERORT FÜR DATEIEN wechseln.
- Im Listenfeld DATEIART den Eintrag DOKUMENTE markieren und anschließend auf die Schaltfläche ÄNDERN klicken.
- Im folgenden Dialogfenster den Ordnernamen inklusive Pfad eingeben oder den Ordner mit Hilfe des Listenfeldes SUCHEN IN auswählen.
- Mit OK bestätigen und das Dialogfenster OPTIONEN mit SCHLIESSEN beenden.

Eigene Ordnung mit eindeutigen Bezeichnungen anlegen

Von jetzt an wird der festgelegte Ordner standardmäßig in den Dialogfenstern ÖFFNEN und SPEICHERN UNTER angezeigt. Gerade wenn auch andere mit Ihrem PC arbeiten, ist es wichtig, den Ordnern eindeutige Bezeichnungen zu geben. Perfekt wäre es, wenn die Benennung Ihrer Ordner im PC mit den Benennungen Ihres Papierablagesystems übereinstimmte.

Bei mir haben sich Unterunterunterunterordner nicht bewährt, ich liebe einfache Zugriffe, so sind zum Beispiel meine Teilnehmerunterlagen für Seminare sehr einfach zu finden:

Unter dem Firmennamen des Unternehmens, für das ich die Veranstaltung gemacht habe, und dem Datum finde ich hier jedes Dokument wieder.

Hierarchietiefe der Ordnung begrenzt halten

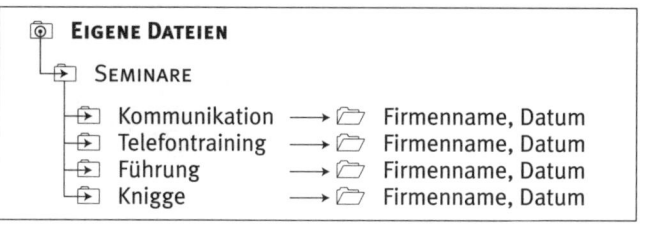

Tipp 27 Sichern Sie sich schnellen Zugriff über die Menü-Task-Leiste

In der Menü-Task-Leiste finden Sie unten links „Start", worunter sich alle Programme, auch die, die nicht auf dem Desktop abgelegt sind, verbergen.

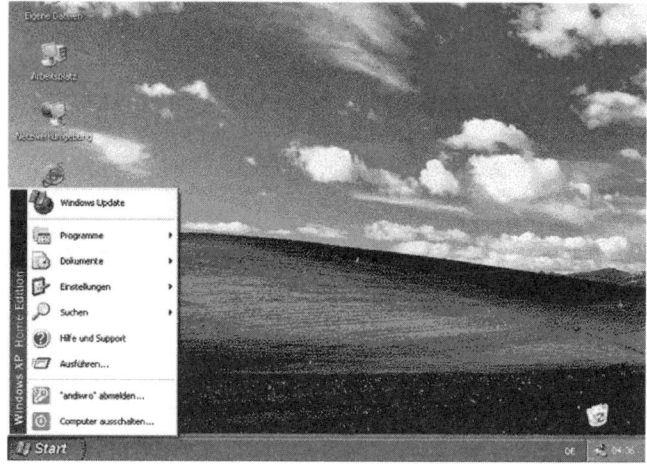

Tipp 28 — Lassen Sie die Maus für sich arbeiten!

Die Maus kann viel mehr als nur bei einmaligem Klicken der linken Taste Programme anzuzeigen und bei Doppelklick Programme zu öffnen. Die rechte Maustaste überrascht mich immer wieder durch das, was sie mir alles abnimmt. Was genau sie kann, hängt davon ab, in welchem Programm Sie gerade arbeiten. Schauen wir uns mal ein paar Beispiele an:

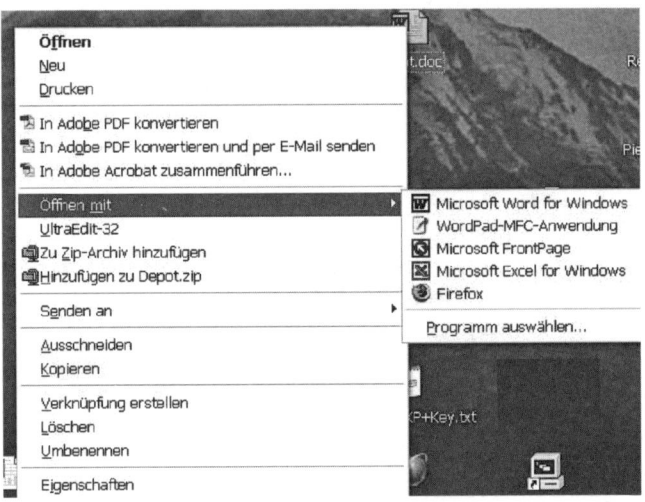

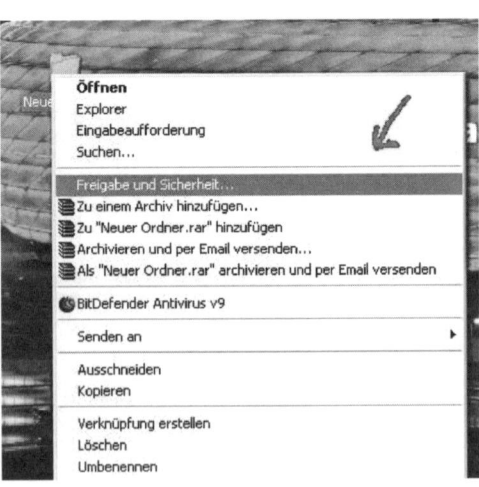

Tipp 29 Datensicherung beugt Herzinfarkt vor

Neulich hat ein Bekannter Daten auf einen USB-Stick geladen und anschließend von der Festplatte gelöscht. Er war einem Herzinfarkt nahe, als er sah, dass der USB-Stick defekt war und seine Daten nicht mehr rekonstruierbar waren. Ganz ausschließen lassen sich solche Gaus nicht, aber zumindest lässt sich ein hohes Maß an Sicherheit herstellen, wenn wir die Datensicherung nicht als ein Thema zweiter Klasse betrachten, sondern von Anfang an Vorsorge treffen. Wie oft Sie ansonsten Ihre Daten sichern, hängt davon ab, in welcher Geschwindigkeit Sie wie viele neue Daten ansammeln. Je größer die Datenmenge, desto kürzer sollten die Sicherungsintervalle sein.

Datensicherung im System

Schon beim Einrichten Ihres PCs können Sie Vorsorge treffen, damit Sie bei einem eventuellen PC-Crash nicht kalt erwischt werden. Sie brauchen nur Ihre Festplatte aufzuteilen in C für benutzerdefinierte Speicherorte und D für den Namen des Nutzers. Ein Systemabsturz verursacht meist den Verlust der Daten auf C. Wenn Sie Ihre Daten in regelmäßigen Abständen auf D kopieren, bleiben Sie Ihnen bei einem Absturz erhalten.

Festplattensegmente bieten ersten Schutz

Datensicherung beim Erstellen eines Dokumentes

Es war nur der Ellbogen beim Griff nach der Kaffeetasse, der irgendeine Taste gedrückt hat, irgendeine ungünstige Taste, denn nun sind alle 20 bereits geschriebenen Seiten weg. Sehr ärgerlich! Vor allen Dingen deshalb, weil man sich über sich selbst ärgert – es wäre so einfach gewesen, nach jeder geschriebenen Seite auf SPEICHERN zu klicken oder mit STRG + S zwischenzuspeichern. Es muss einem nur einmal passiert sein, dass alle Daten unwiderruflich weg sind und man denkt in Zukunft gerne daran!

Regelmäßiges Zwischensichern hält die Sicherung auf Stand

Datensicherung durch Kennwortschutz

Nicht alle, die mit Ihrem PC arbeiten, sollen Zugriff auf alle Ihre Daten haben? Dann vergeben Sie am besten ein Kennwort zum Schutz gegen unberechtigten Zugriff, und das geht so:

Kennworte verhindern fremde Eingriffe

- Im Dialogfenster SPEICHERN UNTER über den Menüpunkt des Dialogfensters EXTRAS – ALLGEMEINE OPTIONEN,

- oder über den Menüpunkt EXTRAS-OPTIONEN, Register SPEICHERN.

Ihr Kennwort wird beim Speichern Ihrer Datei gleich mitgesichert.

Datensicherung durch Systemwiederherstellung

Das Programmfeature Systemwiederherstellung sichert Zwischenstände

Wenn Sie regelmäßig (Outlook erinnert Sie gerne an einen festgelegten Zeitpunkt!) einen Systemwiederherstellungszeitpunkt erstellen, können Sie die Daten bis zu diesem manuell festgelegten Datum nach einem Absturz wieder herstellen. Auch dazu ist der Weg einfach im Vergleich dazu, mühsam verloren gegangene Daten wieder zusammentragen zu müssen.

- Über START den Menüpunkt PROGRAMME wählen.
- Den Ordner ZUBEHÖR aufrufen und zum Ordner SYSTEM-PROGRAMME wechseln, dann SYSTEMWIEDERHERSTELLUNG anklicken.
- Im Dialogfeld SYSTEMWIEDERHERSTELLUNG den Auswahlpunkt „EINEN WIEDERHERSTELLUNGSZEITPUNKT ERSTELLEN" anklicken und im Textfeld Datum und Bezeichnung, z.B. „Datensicherung 31.12.2008" angeben, um den Zeitpunkt später eindeutig erkennen zu können.

Tipp 30 **Externe Datenträger erhöhen die Sicherheit**

Gegen Festplattenverluste helfen (nur) externe Datenträger

Eine einfache Möglichkeit der Datensicherung ist die Nutzung einer externen Festplatte, die über den USB-Stick angeschlossen wird. Das Schöne daran ist, dass das Meiste von ganz allein passiert. Der USB-Stick wird in den USB-Stecker, der sich oft vorne am PC befindet, eingeschoben. Es erscheint dann die Anzeige „neues externes Gerät gefunden". Alternativ gehen Sie auf START, dann auf ARBEITSPLATZ und öffnen „Lokaler Datenträger/USB" mit Doppelklick. Leicht lassen sich nun Ihre Ordner auf den USB-Stick kopieren:

- Ordner anklicken mit linker Maustaste
- Rechte Maustaste „Kopieren" anklicken
- Dann auf ARBEITSPLATZ und weiter zu EXTERNE DATENTRÄGER
- Zum Abschluss mit rechter Maustaste „Einfügen" und schon ist alles auf Ihrem Stick.

Tipp 31 Eine E-Mail ist kein Feueralarm!

Natürlich soll eine E-Mail schnell beantwortet werden, also möglichst innerhalb von 24 Stunden, aber machen Sie sich frei von dem Gedanken, dass Sie die Feuerwehr sind und gleich mit dem Löschzug ausrücken müssen, nur weil eine Stimme sagt: „Sie haben Post!"

Die Wahrheit ist, wir nutzen diese willkommene Ablenkung schon einmal gerne, um unseren langweiligen Bericht zu unterbrechen, aber wir verlieren dadurch unendlich viel Zeit. Viel mehr Zeit als es dauert, die Mail zu lesen und vielleicht eine kurze Antwort zu formulieren, denn es dauert lange ehe wir mit unserer vollen Aufmerksamkeit wieder bei unserem ursprünglichen Bericht sind.

Überlegen Sie sich gut, wie oft Sie tatsächlich in Ihren Posteingang schauen müssen. Es wäre sehr viel effizienter, zweimal, dreimal oder viermal am Tag die E-Mails zu checken und in Blöcken abzuarbeiten als für jede einzelne E-Mail in den Posteingang zu wandern. Sie machen es sich leichter, diesen Vorsatz in die Tat umzusetzen, wenn Sie die akustische oder visuelle Benachrichtigung über neue Mails deaktivieren:

So geht es praktisch:

- Wählen Sie den Menübefehl EXTRAS/OPTIONEN.
- Klicken Sie auf der Registerkarte EINSTELLUNGEN auf E-MAIL-OPTIONEN.
- Wie Sie weiter vorgehen, hängt ein wenig davon ab, welche Outlook-Version Sie haben
  - Outlook 2000 und 2002: Deaktivieren Sie im Dialogfeld E-MAIL-OPTIONEN unter NACHRICHTENBEHANDLUNG das Kontrollkästchen „Benachrichtigungstext bei Ankunft neuer E-Mail und klicken Sie dann auf die Schaltfläche ERWEITERTE E-MAIL-OPTIONEN und deaktivieren Sie unter „Beim Eintreffen neuer Elemente" das Kontrollkästchen SOUND ABSPIELEN.
  - Outlook 2003 und 2007: Klicken Sie im Dialogfeld E-MAIL-OPTIONEN auf die Schaltfläche ERWEITERTE E-MAIL-OPTIONEN und deaktivieren Sie dann unter „Beim Eintreffen neuer Elemente im Posteingang" die Optionen DESKTOPBENACHRICHTIGUNG ANZEIGEN (nur Standard-Posteingang) und SOUND WIEDERGEBEN.

Tipp 32 E-Mails sichten, verwalten und bearbeiten – machen Sie es sich leicht!

Auch beim E-Mail-Eingang entscheiden Sie nach Ihren Bedürfnissen und Bedarfen, welches System für Sie am günstigsten ist, denken Sie auch hier daran, es sich so leicht und übersichtlich wie möglich zu machen.

Beim Öffnen des E-Mail-Eingangs schauen Sie Ihre 38 Mails im Rasterblick an und entscheiden, welche sofort gelöscht werden können (wer braucht schon so viel Viagra wie es in den Mails zu Sonderpreisen angeboten wird!). Sofort löschen heißt:

Strg-Taste gedrückt halten und mit linker Maustaste die zu löschenden E-Mails anklicken, dann auf das zuständige Symbol fürs Löschen klicken. Schon sieht Ihr Posteingang viel übersichtlicher aus. Dann schauen Sie: Was muss ich heute bearbeiten und/oder beantworten, schieben Sie dann alle E-Mails die bis zum nächsten Tag Zeit haben in den Ordner „Ablage", „morgen", „ heute nicht", „Zu erledigen" (die Bezeichnung des Ordners wählen Sie so wie Sie Ihnen am besten gefällt). Jetzt sind möglicherweise nur noch wenige E-Mails übrig, die sofort zu beantworten sind.

Strukturen der allgemeinen Ablage ähnlich auch im Mailprogramm nutzen

Einen neuen Ordner (z.B. „Ablage") legen Sie an, indem Sie DATEI anklicken – dann ORDNER - NEUER ORDNER – Name des Ordners und Bestimmungsort (am besten im Posteingang). Klicken Sie die E-Mail, die Sie in diesen Ordner verschieben möchten, an und ziehen Sie sie mit gedrückter linker Maustaste in Ihren neuen Ordner.

Haben Sie eine E-Mail geöffnet und stellen fest, dass die Bearbeitung jetzt nicht in Ihr Zeit- oder „Lust"-fenster passt oder Sie noch nicht alle Informationen dazu haben, aber heute noch antworten wollen, können Sie die Mail wieder in den Status der „ungelesenen Mail" (erkennbar durch Fettschrift) zurückversetzen, um die Bearbeitung nicht zu vergessen. Klicken Sie dazu die betreffende Mail einmal mit der linken Maustaste an und wählen Sie dann mit der rechten Maustaste „Als ungelesen markieren", schon sieht Ihre Mail wieder aus wie neu.

Erhalten Sie eine Mail von einem neuen Sender, dessen Adresse Sie gleich in Ihr Outlook-Adressbuch aufnehmen möchten, verfahren Sie folgendermaßen:

- Ziehen Sie die gesamte Mail mit gedrückter linker Maustaste auf die Schaltfläche KONTAKTE unten in der Navigationsleiste (Outlook 2003 und 2007) bzw. das entsprechende Symbol in der Outlook-Leiste. Outlook legt einen neuen Kontakt an. Die Absenderadresse sowie den Namen übernimmt es dabei automatisch aus der Nachricht und im Notizfeld wird der gesamte Text der ursprünglichen Mail angezeigt.
- Markieren Sie den gesamten Text mit Ausnahme der Signatur.
- Drücken Sie „Entf", um den Text aus Notizfeld zu löschen, so dass nur die Signatur übrig bleibt.
- Markieren Sie den Firmennamen.
- Ziehen Sie mit gedrückter linker Maustaste den markierten Firmennamen auf das Textfeld FIRMA.
- Wiederholen Sie die letzten beiden Schritte für alle anderen relevanten Daten, z.B. Telefonnummer.
- Wenn Sie die Daten übertragen und überflüssige Daten gelöscht haben, speichern und schließen Sie den neuen Kontakt durch Klicken auf die entsprechende Schaltfläche in der Symbolleiste.

So geht es praktisch:

Tipp 33 Setzen Sie Übermittlungsbestätigungen gezielt ein

In bestimmten Fällen möchten wir wissen, ob die E-Mail bei unserem Empfänger angekommen ist, da hilft die Empfangsbestätigung. Um sicherzustellen, dass der Empfänger die Mail auch gelesen hat, müssen wir die Lesebestätigung aktivieren. (Verwenden Sie sie sparsam, denn viele Leser fühlen sich durch die Lesebestätigung unter Druck gesetzt und können diese Funktion auch schlicht wegdrücken. Wählen Sie deshalb die Funktion nicht als grundsätzliche Funktion aus, sondern entscheiden Sie von Fall zu Fall bzw. von Mail zu Mail.)

Die Verknüpfung von Mailprogrammen mit weiteren Features nutzen

Nachricht öffnen, Empfängeradresse eingeben, Text schreiben. Und jetzt geht's so:

So geht es praktisch:

1. Klicken Sie in der geöffneten Nachricht auf Anzeigensymbol in der Nachverfolgungsbox:
   (Siehe nächste Seite)

2. Nun öffnet sich das Nachrichtenkästchen, in dem Sie die Option DAS LESEN DIESER NACHRICHT BESTÄTIGEN markieren.

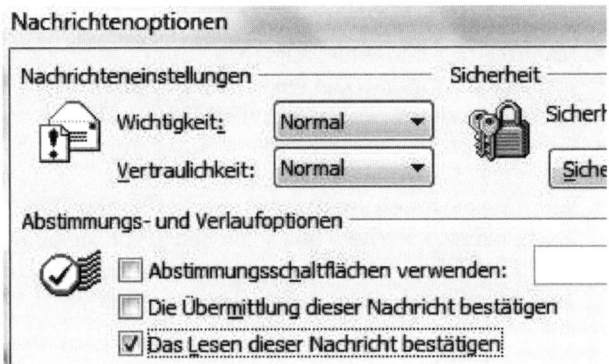

3. Dann noch auf SCHLIESSEN klicken und Sie können die E-Mail versenden.

34 Lassen Sie sich erinnern über die „Nachverfolgung"

Die moderne Form der Wiedervorlage

Die Funktion „Nachverfolgung" ist eine gute Möglichkeit, sich selbst oder einen bestimmten Adressaten noch einmal an die Bearbeitung oder Beantwortung einer Mail zu erinnern. Sie erhalten zu einem festgelegten Termin eine Erinnerung und haben dann die Möglichkeit, die Mail nach der Bearbeitung als erledigt zu kennzeichnen. Sowohl der Termin als auch das Datum der Erledigung werden in der E-Mail festgehalten. Wahrscheinlich haben Sie das Symbol für die Nachverfolgung schon einmal gesehen: es ist ein kleines Fähnchen in Rot.

Wenn Sie sich selbst an die Bearbeitung einer Mail erinnern wollen, gehen Sie bitte folgendermaßen vor:

- Markieren Sie im Posteingang die zu bearbeitende Mail mit der rechten Maustaste und es öffnet sich das Kontextmenü.
- Wählen Sie hier den Punkt „Zur Nachverfolgung".
- Im folgenden Dialogfenster können Sie einen vorgegebenen Text für die Nachverfolgung auswählen oder einen eigenen Text eingeben.
- Legen Sie nun bitte Datum und Uhrzeit für die Erinnerungsfunktion fest.
- Bestätigen Sie Ihre Eingabe mit OK. Die Nachricht wird dann mit einem netten roten Fähnchen markiert.

So geht es praktisch:

Sie können diese Kennzeichnung im Kontextmenü im Posteingang wieder löschen oder als erledigt markieren.

Funktioniert zwar Ihr eigenes Gedächtnis, aber das Ihres Empfängers nicht, dann hilft Ihnen die Technik, wenn Sie folgendermaßen vorgehen:

- Nach dem Schreiben einer E-Mail klicken Sie in dieser Mail auf das Symbol „Zur Nachverfolgung". Sie finden es auch als rotes Fähnchen in der Symbolleiste. Außerdem können Sie das Dialogfeld durch die Tastenkombination Strg + Shift + G aufrufen. Hier nehmen Sie bitte die gleichen Einstellungen vor wie bei der Nachverfolgung Ihrer eigenen Mails.
- Der Empfänger erhält nun eine Mail mit einer Kennzeichnung und eventuell einen Termin, sofern Sie den eingestellt haben.

So geht es praktisch:

Denken Sie bei allem, was Sie tun, immer daran, wie Sie reagieren würden und ob Sie sich über diese Art von „leichtem Druck" freuen würden. Setzen Sie deshalb die „Nachverfolgung" mit Bedacht ein.

Tipp 35 „Ich bin dann mal weg" – informieren Sie Ihre Geschäftspartner

Wenn Sie länger als 24 Stunden nicht im Haus sind und damit Ihre E-Mails nicht beantworten können oder wollen, seien Sie höflich Ihren Geschäftspartnern gegenüber und lassen Sie sie es wissen. Auch das ist kein Hexenwerk, sondern geht über einige wenige Funktionen sehr einfach, nämlich so:

steingang - Microsoft Outlook

| :ei | Bearbeiten | Ansicht | Wechseln zu | Extras |

Senden/Empfangen ▶

Sofortsuche ▶

📖 Adressbuch... Strg+Umschalt+B

📇 Organisieren

📨 Regeln und Benachrichtigungen...

Abwesenheits-Assistent...

Postfach aufräumen...

🗑 Ordner "Gelöschte Objekte" leeren

🗑 Gelöschte Elemente wiederherstellen...

Formulare ▶

Makro ▶

Kontoeinstellungen...

Vertrauensstellungscenter...

Anpassen...

Eingehende Nachrichten automatisch beantworten oder weiterleiten

Wählen Sie EXTRAS, dann klicken Sie ABWESENHEITS-ASSIS-TENT an. Es öffnet sich das folgende Fenster (siehe nächste Seite), in dem Sie „Ich bin zurzeit nicht im Hause" anklicken. Nun brauchen Sie nur noch Ihren persönlichen Text einzugeben und mit OK zu bestätigen. Denken Sie bitte daran, dass Ihr Text positiv formuliert sein sollte, d. h. dem Empfänger eine Alternative bietet. Es reicht nicht aus zu schreiben: „Ich bin bis 31.12. nicht im Haus. Ihre Mail wird nicht weitergeleitet."

Der Empfänger erhält die Benachrichtigung auf der nächsten Seite erst, wenn Sie seine E-Mail schon in Ihrem Posteingang finden können.

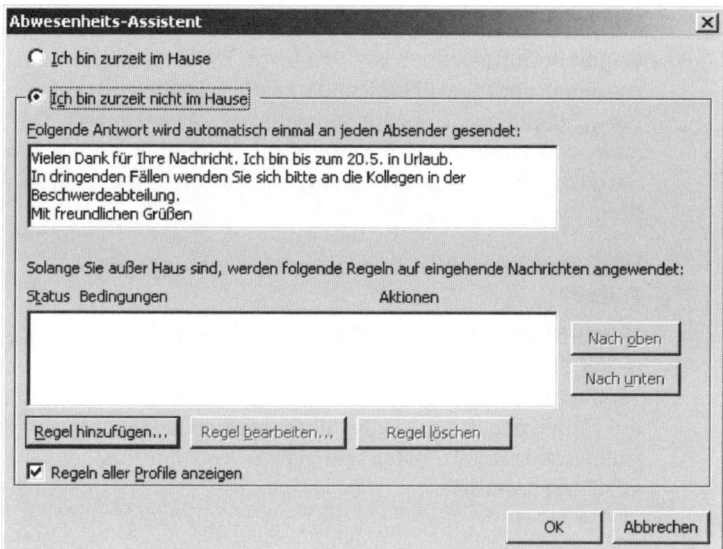

Tipp 36 Machen Sie den Outlook-Kalender zu Ihrer Sekretärin

Der Outlook-Kalender bietet zahlreiche Möglichkeiten, hier empfehle ich Ihnen, in einer ruhigen Minute, von denen Sie ja nach dem Lesen dieses Buches viele haben werden, einmal zu schauen, welche Funktionen Sie brauchen. Sie werden automatisch auf den rechten Weg geführt, denn das System ist relativ klug und Sie ja auch, denn die bisherigen Funktionen des Outlooks gleichen denen des Outlook-Kalenders sehr. Hier finden Sie einige ausgewählte Optionen des Outlook-Kalenders:

Wie füge ich die Feiertage in den Kalender ein?

Extras ····⟩ Optionen ····⟩ Einstellungen ····⟩ Kalenderoptionen ····⟩ Feiertage hinzufügen

Wie kann ich der Arbeitswoche Samstag und Sonntag hinzufügen?

Extras ····⟩ Optionen ····⟩ Kartenreiter ····⟩ Einstellungen ····⟩ Kalenderoptionen. Aktivieren Sie hier die Checkboxen für Samstag und Sonntag.

Wie kann ich Termine farblich markieren?

Es gibt in Outlook 2002 vier Arten von Terminen. Diese Arten werden in der Tagesübersicht dargestellt: Frei (weiß), Mit Vorbehalt (hellblau), Gebucht (dunkelblau), Abwesenheit. Outlook 2003 bietet zusätzliche farbliche Markierungen: Klicken Sie dazu mit der rechten Maustaste auf einen Termin Beschriftung.

Wie erstelle ich einen Termin zur Wiedervorlage einer E-Mail?

Ziehen Sie die betreffende Mail mit gedrückter linker Maustaste auf das Kalenderelement. Erstellen Sie dann einen neuen Termin mit dazugehöriger Erinnerung. Am Fälligkeitstag kann der Termin per „Drag & Drop" (linke gedrückte Maustaste und Fallenlassen in den Postausgang) zurück auf den Postausgang geschoben werden.

Tipp 37 Schlaumeier Internet – hier finden Sie alles!

Das Internet ist die größte Informationsplattform weltweit und wenn Sie lange genug suchen und die richtigen Suchbegriffe eingeben, finden Sie hier alles. Suchmaschinen wie
- *google*
- *yahoo*
- *altavista*
- *fireball* und
- *lycos*

erleichtern Ihnen die Informationsbeschaffung. Überlegen Sie zu Beginn, welche Worte das gesuchte Thema am besten beschreiben und welche davon unbedingt enthalten sein müssen. Suchen Sie zum Beispiel mich, ist es günstig „RENATE SCHMIDT SOLINGEN" einzugeben, weil Sie sonst möglicherweise sehr politisch werden.

Tipps für die erfolgreiche Internetsuche

Bei der Eingabe Ihres Suchbegriffes haben sich drei Möglichkeiten (boolesche Operatoren) bewährt:
- Plus-Zeichen
  Beispiel: Renate Schmidt + Solingen. Die Suchmaschine sucht nun nach Webseiten, in denen alle Begriffe vorkommen.

- Minus-Zeichen
  Beispiel: Renate Schmidt Unternehmensberatung – Politikerin. Die Suchmaschine schränkt die Suche um das, was
  nach dem Minuszeichen steht, ein. Die Politikerin wird nun
  ausdrücklich ausgeblendet. [Adios! ;-)]
- Anführungszeichen
  Beispiel: „Renate Schmidt Unternehmensberatung", hier-
  durch wird der Suchmaschine angezeigt, dass es sich hier
  um einen feststehenden Begriff handelt.
- Sternchen
  Beispiel: Kommunikation*, hier wird angezeigt, dass es
  sich um einen Fachbegriff handelt, alle möglichen Seiten,
  bei denen es sich um Kommunikation handelt, werden auf-
  gerufen.

Je präziser die Anfrage, desto zufrieden stellender das Ergebnis.

Seiten, die Sie immer wieder nutzen, können Sie zu Ihren
FAVORITEN erklären, das ist sehr leicht:

- Die Seite aufrufen, die Sie übernehmen möchten.
- In der Menüleiste auf FAVORITEN / FAVORITEN HINZUFÜ-
  GEN klicken
- Im Feld NAME Bezeichnung für die Webseite eingeben oder
  Vorschlag übernehmen und mit OK bestätigen.

So geht es praktisch:

38 Eliminieren Sie die Werbung!

Sie möchten Texte aus dem Internet drucken, Sie stört aber die
lästige Werbung, Balken und sonstige Verzierungen? Die
Schrift ist nach dem Drucken so klein, dass Sie ein Monokel
brauchen? Dann gehen Sie eine Umleitung, nämlich dem Kopieren vor dem Drucken.

- Markieren Sie den Text mit der linken Maustaste.
- Im Text stehend drücken Sie auf der rechten Maustaste auf
  KOPIEREN.
- Gehen Sie nun in ein geöffnetes Word-Dokument, drücken
  Sie die rechte Maustaste und wählen EINFÜGEN. Schon er-
  scheint Ihr Text ohne alle Schnörkel. Sie können ihn nun in
  aller Ruhe bearbeiten. (Denken Sie bitte bei allem, was Sie
  tun, an die Urheberrechte!)

Tipp 39

39

Tipp 39   Wenn nichts mehr geht ...

Der Moment, in dem Sie den PC gerne aus dem Fenster werfen möchten, der GAU: ein wie versteinertes Bild, eine Maus, die nichts mehr tut, keine Funktion lässt sich mehr betätigen. Kein Grund, das Leben Ihres PCs aufs Spiel zu setzen, denn es gibt immer noch die allerletzte Chance. Tun Sie jetzt bitte Folgendes:

- Lehnen Sie sich entspannt in Ihrem Stuhl zurück und zählen Sie lächelnd bis zehn.
- Drücken Sie jetzt bitte STRG Alt Enft gleichzeitig.
- Im sich öffnenden Fenster WINDOWS TASK-MANAGER werden alle gerade laufenden Programme angezeigt.
- Klicken Sie mit der linken Maustaste auf das Erste und gehen Sie dann auf TASK BEENDEN. Verfahren Sie mit allen anderen laufenden Programmen genauso.
- Sollte Ihr PC dämliche Fragen stellen, ob Sie zum Beispiel „jetzt" oder „sofort" beenden wollen, bestätigen Sie dies immer.

Einige wenige, sehr hartnäckige PCs verweigern Ihnen auch dann noch jegliche Kooperationsbereitschaft, dann zeigen Sie ihm, wer der Herr im Hause ist und setzen ihn schachmatt. Halten Sie dazu den Einschaltknopf vier bis fünf Sekunden gedrückt. Der Computer fährt runter, warten Sie dann nochmals fünf Sekunden (erst dann ist der Speicher gelöscht) und fahren den Rechner dann wieder hoch.

Bei allen PC-Programmen helfen Shortcuts, erheblich Zeit einzusparen. Im Anhang dieses Buches auf Seite 176 finden Sie eine Übersicht über gängige Shortcuts.

PRAXIS

Plan zur Umsetzung

Was war mir in diesem Kapitel wichtig?

....

....

Wie sieht meine persönliche Büroorganisation verglichen mit dem Gelesenen aus?

....

....

Was möchte ich verändern?

....

a) noch heute?

....

....

b) innerhalb der nächsten 72 Stunden?

....

....

Was brauche ich dazu (besorgen, kaufen, bestellen, leihen ...)?

....

Wen werde ich (wie? – eben im Vorbeigehen oder als Aktennotiz ...) über die geplanten Veränderungen informieren?

....

....

Was habe ich tatsächlich innerhalb der geplanten Zeit umgesetzt?

....

....

Meine Belohnung dafür sieht folgendermaßen aus:

....

....

Teil D UMGANG MIT ZEIT

Ein kleines Ausgangsbeispiel

Ich kann mich an die Anfänge meines Berufslebens als Angestellte in einem Konzern erinnern. Dort arbeitete ich häufig mit zwei Managern zusammen, von denen mit dem einen die Zusammenarbeit immer problemlos funktionierte, während ich mit dem anderen häufig aneinander geriet, weil es Missverständnisse, Verzögerungen, Unzuverlässigkeit und – dadurch bedingt – Stress gab.

Der Erste kam morgens gegen acht Uhr und ging, mit wenigen Ausnahmetagen, am Nachmittag um vier Uhr nach Hause. Wenn man danach sein Büro betrat, war der Schreibtisch leer. Der Zweite kam zu unterschiedlichen Zeiten zwischen 07.30 und 08.30 Uhr und ging nie vor 19 Uhr nach Hause. Sein Schreibtisch war permanent voll mit Aktenstapeln, auch der Boden war davon übersät. Wenn man den Ersten um etwas bat, war es nie ein Problem, ohne viele Worte wurde das Gewünschte im Laufe des Tages erledigt. Der zweite stöhnte immer, dafür habe er jetzt eigentlich gar keine Zeit, die Bitte wurde oft erst auf mehrmaliges Erinnern hin erfüllt.

Menschen haben unabhängig von ihrer Qualifikation unterschiedlichen Umgang mit der Zeit

Zwei Manager mit theoretisch dem gleichen Wissen, zwei Manager mit theoretisch der gleichen 40-Stunden-Woche. Der eine schafft seine Arbeit in weniger als 40 Stunden, der andere braucht wesentlich mehr. Ungerechte Verteilung der Arbeit? Nein, ich glaube nicht, nur ein völlig anderer Umgang mit der Zeit. Gäbe man beiden die gleiche Arbeit und die absolute gleiche Zeit, stünde unter dem Strich bei einem trotzdem ein großes Pluszeichen und bei dem anderen ein dickes Minuszeichen.

„Keine Zeit" meint oft „keine Lust"

Wie viele Menschen in Ihrem Umfeld hören Sie sagen: *„Ich habe überhaupt keine Zeit ..."*? Zeit hat man nie, es sei denn, man nimmt sie sich, hat Peter Rosegger einmal gesagt und ich finde, er hat Recht. Wie oft habe ich selbst schon gesagt *„Ich habe keine Zeit"*, obwohl es ehrlicher gewesen wäre zu sagen *„Ich habe keine Lust"*. Zeit ist etwas, das wir oft für unsere persönlichen Belange missbrauchen, als Vorwand. Und wenn morgens in der Schlange beim Bäcker jemand zu uns sagt: *„Gehen Sie ruhig vor, ich habe Zeit"*, macht er sich damit nicht schon verdächtig? Entweder ist er Rentner oder arbeitslos ...

Was aber nimmt, klaut oder frisst uns die Zeit im Büro? Wir haben uns darüber Gedanken gemacht und vielleicht finden Sie sich auch in dem einen oder anderen Punkt wieder (alle folgenden zehn Punkte werden im Übrigen in diesem Buch angesprochen):

Organisation braucht ihre Zeit – was nimmt sie uns weg?

- Keine klar formulierten und schriftlich definierten Ziele (wenn wir das Ziel nicht kennen, ist jeder Weg der falsche),

Zehn typische Zeitfresser

- falsche oder gar fehlende Prioritäten in der Tagesplanung,
- nicht „Nein!" sagen können (was wird der Kollege über uns sagen, wenn wir ihm den kleinen Gefallen nicht tun?),
- Störungen sowohl intern als auch extern, durch Telefonate oder unangemeldete Besucher,
- langwierige, zum Teil überflüssige Besprechungen,
- Suchen von Unterlagen in Papierstapeln,
- Aufschieben unangenehmer Aufgaben,
- Überperfektionismus,
- mangelnde Konsequenz und Selbstdisziplin,
- fehlerhafte oder missverständliche Kommunikation.

Man kann viel über das Phänomen „Zeit" diskutieren und philosophieren. Das werden wir hier nicht tun. Wir werden auch in diesem Kapitel versuchen, den Begriff „Selbstmanagement" außen vor zu lassen und uns stattdessen ausschließlich damit beschäftigen, wie wir Zeit gewinnen können. Ist es uns nämlich bisher nicht gelungen, die Organisation unseres Büros dauerhaft zu erhalten, ist das sicher auch ein Zeitproblem gewesen. Wollen wir also in Zukunft die bisher beschriebenen Aspekte umsetzen, dann müssen wir zusehen, dass wir Zeit gewinnen, um unser Büro auf dem Level zu erhalten, auf das wir es gerade mit viel Mühe, Aufwand und Disziplin gebracht haben.

Konzentration – in diesem Kapitel – auf dem Aspekt „Zeit gewinnen"

Im Folgenden stellen wir Ihnen einige bewährte Methoden vor, mit denen Sie bei konsequenter Anwendung mühelos Zeit gewinnen. Nicht jede Methode wird Sie gleichermaßen ansprechen. Entscheiden Sie für sich, welcher Weg der Arbeitsplanung und des Prioritätensetzens der für Sie beste ist. Konsequenz ist auch hier entscheidend, deshalb der Vorschlag zur Vorgehensweise:

Nicht jeder Weg führt jeden ans Ziel – Sie müssen entscheiden

- Weg/Methode auswählen
- einen Monat konsequent anwenden
- Resümee ziehen, wie hoch der Zeitgewinn für Sie ist und ob die Methode Ihnen nach einem Monat leicht gefallen ist.

Tipp 40 Nutzen Sie konsequent das ABC-Prinzip um Prioritäten zu setzen!

Wertigkeiten im Tagespensum setzen

Das ABC-Prinzip ist eine der ältesten und eine sehr einfache Methode, Prioritäten bei Ihren Aufgaben zu setzen. Vor dem Beginn eines Tagespensums geben Sie dabei Ihren einzelnen Arbeiten eine Wertigkeit. Gerade in Zeiten deutlich höheren Arbeitsaufkommens, wenn Sie mehrere unterschiedliche Arbeitsbereiche haben oder zwei gleichrangige Vorgesetzte, hilft das ABC-Prinzip, sich einen Überblick zu verschaffen und nicht mehr unter dem Druck zu arbeiten: *„Ich weiß gar nicht, womit ich anfangen soll".*

DAS EINFACHE STRUKTURIEREN AUF PAPIER ORDNET GLEICH-ZEITIG IHRE GEDANKEN UND LÄSST DIE ARBEITSBERGE NICHT MEHR SO UNÜBERSCHAUBAR UND KAUM ZU BEWÄLTIGEN ER-SCHEINEN.

A sind die wichtigsten Aufgaben, die Sie selbst erledigen wollen oder müssen;

B sind Aufgaben, die wichtig sind, die Sie gegebenenfalls aber auch delegieren können;

C sind weniger wichtige Aufgaben, die Sie entweder nicht selbst erledigen müssen, sondern delegieren können oder die Sie nicht unbedingt noch am gleichen Tag erledigen müssen.

Für die Planung nach wie vor empfehlenswert: das klassische Zeitplanbuch

Jede neue Arbeit, die auf Ihrem Schreibtisch landet, wird sofort in Ihren ABC-Arbeitsplan eingetragen, der sowohl auf einen Tag, eine Woche als auch einen Monat ausgerichtet sein kann. Jedes gute Zeitplanbuch liefert heute die entsprechenden Formulare, die Sie gar nicht mehr selbst erstellen, sondern nur noch konsequent nutzen müssen.

Für alle, die nicht mit einem solchen Zeitplanbuch, sondern lieber mit einem elektronischen Organizer wie dem Palm oder über die Terminverwaltung in Outlook arbeiten, zeigen wir im Anhang dieses Buches (S. 171–174) Muster für je ein einfaches Beispiel eines Tages-, Wochen- und Monatsplans. Denn auch die elektronischen Systeme bieten meist Wochen- oder Monatseinteilungen und man kann sich diese teils selbst formatieren, sodass wir Ihnen Anregungen geben wollen, was hier geschickt und hilfreich ist.

WICHTIG ERSCHEINT UNS: JE EINFACHER DER PLAN AUFGE-
BAUT IST, DESTO GERINGER IST DIE BLOCKADE, IHN AUCH
TAGTÄGLICH ZU NUTZEN.

Die Entscheidung darüber, mit welcher Art Plan Sie arbeiten, hängt eng mit Ihrem Arbeitsgebiet zusammen. Sekretärinnen und Assistentinnen zum Beispiel arbeiten gerne mit einem Tagesplan, weil im Sekretariat tagtäglich auf Zuruf viele zum Teil sehr verschiedene Aufgaben auf dem Schreibtisch landen, die ein flexibles und schnelles Reagieren erforderlich machen. Das Maß an individuellem Plan ist hier begrenzt.

Als Sachbearbeiter oder generell Mitarbeiter eines Teams, wo einzelne Projekte zwar termingebunden bearbeitet werden müssen, aber das Maß an täglichen „Überraschungen" überschaubar ist, ist man mit einem Wochenplan gut beraten.

Ob Sie Tag, Woche, Monat planen, hängt von Ihrem Job ab

Spätestens, wenn Sie ein Projekt leiten, seine einzelnen Schritte verfolgen und prüfen und Arbeiten an andere delegieren müssen, brauchen Sie (gegebenenfalls neben Tages- und Wochenplan) einen Monatsplan zur Einteilung der einzelnen Aufgaben in A-, B- oder C-Wertigkeit.

Gleich für welche Art von Plan Sie sich entscheiden, behalten Sie bei seiner Pflege immer Ihren Terminkalender im Auge. Wenn Sie eine A-Aufgabe auf einen Tag legen, an dem Sie schon drei Außentermine haben, ist die Frage, wie viel Zeit (und Energie) Ihnen realistisch für die A-Aufgabe bleibt. Die größten Misserfolgserlebnisse und damit verbundene Unzufriedenheit mit sich selbst handeln Sie sich ein, wenn Sie am dafür vorgesehenen Tag Ihre A-Aufgaben nicht erledigt haben.

Bei der Planung immer die Vereinbarkeit der Aufgaben beachten!

Tipp 41   Die ALPEN-Methode hilft systematisch und zugleich einfach zu planen

Der größte Fehler bei der Zeitplanung ist, sich die Zeit zur schriftlichen Planung nicht zu nehmen, denn alles, was Sie nicht schriftlich festgehalten haben, ist eine Belastung für Ihren Geist. Die wenigsten von uns verfügen über die Fähigkeit, einen Arbeitstag lang pemanent strukturiert zu denken und in Gedanken einen Haken an erledigte Arbeiten zu machen. Die häufigen Störungen durch unverhoffte Telefonate, das schnelle Gespräch mit dem Vorgesetzten oder die Mitteilung, dass zu Hause der Keller unter Wasser steht, machen ganz schnell ein

Unbedingt schriftlich planen!

noch so strukturiertes Denken zunichte. Andererseits darf Zeitmanagement aber auch keine Fessel sein, die uns unflexibel macht und durch hohen Zeitaufwand eher Zeit stiehlt als uns welche gewinnen zu lassen. Zeitmanagement darf also nicht in exzessive Zeitplanung münden.

PLANEN SIE NICHT GENAUER ALS NOTWENDIG, HALTEN SIE DIE PLANUNG SO EINFACH WIE MÖGLICH.

Bekanntes und erfolgreiches Vorgehen: ALPEN

Das ist auch der Ansatz der ALPEN-Methode:

A Aktivitäten und Aufgaben notieren
L Länge, also die voraussichtliche Zeitdauer, schätzen
P Pufferzeiten reservieren (durchschnittlich 40 % für Unvorhergesehenes, hängt aber stark vom Aufgabengebiet ab)
E Entscheidungen über Prioritäten (nach der ABC-Methode), Kürzungen und Delegation treffen
N Nachkontrolle – Unerledigtes auf den nächsten Tag übertragen

Stufe 1: Aufgaben für den Tagesplan zusammenstellen

• Vorgesehene Aufgaben für den Tag aus der Aktivitätenliste bzw. dem Wochen- oder Monatsplan,
• Unerledigtes vom Vortag,
• neu hinzukommende Tagesarbeiten,
• Termine, die wahrzunehmen sind,
• periodisch wiederkehrende Aufgaben.

Ein realistischer Tagesplan ist immer auf das zu reduzieren, was Sie tatsächlich bewältigen können (Stufen 2–4).

Stufe 2: Länge der Tätigkeiten schätzen

Notieren Sie nun hinter jeder Aufgabe den Zeitbedarf, den Sie ungefähr für deren Erledigung veranschlagen und ermitteln Sie die geschätzte Gesamtzeit:

• Denken Sie auch daran, dass für eine bestimmte Tätigkeit oft so viel Zeit benötigt wird, wie Zeit gerade zur Verfügung steht.
• Bei einer konkreten Vorgabezeit für Ihre Aufgaben zwingen Sie sich selbst dazu, diese auch einzuhalten.
• Sie arbeiten erheblich konzentrierter und unterbinden Störungen konsequenter, wenn Sie sich für eine bestimmte Aufgabe auch eine ganz konkrete Zeit vorgegeben haben.

Stufe 3: Pufferzeit reservieren

- für Störungen (Hauptstörzeiten notieren und einplanen),
- für Verzögerungen, wiederholtes Telefonieren, um zum Beispiel einen Gesprächspartner zu erreichen oder um vom Vorgesetzten die Freigabe fürs Handeln zu erhalten,
- für Unvorhergesehens (spontan einberufene Meetings, Beruhigung eines aufgebrachten Kunden ...).

Stufe 4: Entscheidungen über Prioritäten, Kürzungen und Delegation treffen

Ziel ist es dabei, den Zeitbedarf der Tagesaufgaben auf ein zu erfüllendes Maß zu reduzieren.

- Setzen Sie eindeutige Prioritäten, zum Beispiel mit Hilfe der ABC-Analyse und bringen Sie Ihre Tagesaufgaben in eine Rangordnung.
- Prüfen Sie den veranschlagten Zeitbedarf kritisch und kürzen Sie die Zeiten aller Vorgänge auf das unbedingt Notwendige; bleiben Sie dabei realistisch.
- Loten Sie jede Tätigkeit nach Delegations- und Rationalisierungsmöglichkeiten aus.

Stufe 5: Nachkontrolle – Unerledigtes übertragen

Erfahrungsgemäß schaffen Sie nicht alle Aufgaben oder Telefonate, die Sie erledigen wollten, zumindest am Anfang und so lange bis Ihre Planung und Schätzung sehr realistisch ist. Übertragen Sie die unerledigten Aufgaben – noch am gleichen Tag vor Verlassen des Büros – auf den nächsten Tag.

Übriggebliebenes sofort neu planen, dabei ggf. Priorität neu zuweisen

Haben Sie eine Aufgabe mehrfach übertragen, sieht es nach „Aufschieberitis" aus. Fragen Sie sich dann, warum Sie diese Aufgabe immer wieder auf den nächsten Tag übertragen müssen (das wird doch irgendwann lästig, oder?). Ist Ihnen die Aufgabe nicht wichtig? Dann delegieren Sie sie oder streichen Sie sie ganz. Sie hoffen ja ohnehin, dass sich die Sache von alleine erledigt. Ist Ihnen die Aufgabe wichtig, aber unangenehm? Dann treffen Sie eine klare Entscheidung, diese Aufgabe nun **SOFORT** anzufassen, damit Sie sie endlich aus dem Kopf haben (zur eigenen Unterstützung können Sie sich ja eine kleine Belohnung in Aussicht stellen – wir genehmigen uns, wenn wir besonders unangenehme oder besonders aufwändige Arbeiten erledigt haben, immer eine heiße Schokolade mit Sahne).

Vorteile zusammen-
gefasst

Sie wollen Ihre Zeit besser planen, halten die ALPEN-Methode auch für einen gangbaren Weg, haben sie aber noch nicht umgesetzt? Dann lesen Sie doch hier noch einmal zusammengefasst, was Ihnen die Methode bringt:

- Planung des bevorstehenden Tages,
- bessere Einstimmung auf den nächsten Arbeitstag,
- Überblick und Klarheit über die Tagesanforderungen,
- Ordnung Ihres Tagesablaufes,
- Ausschaltung von Vergesslichkeit,
- Konzentration auf das Wesentliche,
- Reduzierung von Verzettelung,
- Erreichung der Tagesziele,
- Unterscheidung zwischen wichtigen und weniger wichtigen Vorgängen,
- Entscheidung über Prioritätensetzung und Delegation,
- Rationalisierung durch Aufgabenbündelung,
- Abbau und Handhabung von Störungen und Unterbrechungen,
- Selbstdisziplin in der Aufgabenerledigung,
- Abbau von Stress und Nervenverschleiß,
- Gelassenheit bei unvorhergesehenen Ereignissen,
- Verbesserung der Selbstkontrolle,
- Erfolgserlebnis am Tagesende,
- Erhöhung von Zufriedenheit und Motivation,
- Steigerung der persönlichen Leistungsfähigkeit,
- und vor allem: Zeitgewinn durch methodisches Arbeiten!

Der anfängliche Aufwand von 20 Minuten, später ca. zehn Minuten oder nur fünf Minuten für die ALPEN-Methode wird Ihnen ein Vielfaches an Ertrag bringen (auf Sicht täglich zehn bis 20 Prozent Zeitersparnis!).

 42 Begrenzt tauglich: die 4-Quadranten-Methode – prüfen Sie sie individuell!

Diese Methode zum Entwirren des Arbeitsplatzes und damit zum Zeitgewinn ist auch unter dem Begriff „Eisenhower-Regel" bekannt. Neben dem legendären Manager und Politiker Dwight David Eisenhower haben auch andere US-Präsidenten ihren Arbeitsalltag nach dieser Methode organisiert.

Die Eisenhower-Regel ist
bekannt und üblich ...

Heute ist die Methode umstritten, weil ein gutes, vorausschauendes Zeitmanagement Vorgänge gar nicht erst dazu kommen lässt, dass sie dringend werden. Auf der Unterscheidung zwischen „dringend" und „wichtig" beruht aber die 4-Quadranten-Methode. Wie stehen Sie zu dem Satz *„Was wichtig ist, ist selten dringend und was dringend ist, ist selten wichtig?"* Sie „unterschreiben" ihn sicher nicht ungeteilt.

... aber wird heute kritisiert, weil sie nicht im Vorfeld ansetzt

Dennoch möchten wir Ihnen die Methode hier nicht vorenthalten, schauen Sie selbst, ob und wie Sie sie auf Ihr Arbeitsumfeld übertragen können. Ihre gesamte anfallende Arbeit ist auf vier Quadranten zu verteilen, wie es im folgenden Schaubild dargestellt wird:

Die 4-Quadranten-Methode

In Quadrant 2 stehen Aufgaben, die wichtig, aber nicht so dringend sind. Die Aufgaben, die hier landen, werden mit konkreten Terminen versehen und von Ihnen selbst erledigt.

Alle Aufgaben, die besonders wichtig **UND** ausgesprochen dringend sind, finden sich hier in Quadrant 1. Das sind die Aufgaben, die Sie sofort selbst erledigen.

	2	1	
	Weiterleiten	Sofort erledigen	
Wichtigkeit	4	3	
	Papierkorb, ggf. Ablage	Wichtige Aufgaben terminieren, nächsten Schritt festlegen	
	Dringlichkeit		→

Aufgaben im Quadrant 4 sind weder wichtig noch dringend. Sie kommen in die Wiedervorlage, die Ablage zur späteren Erledigung oder gleich in den Papierkorb.

Aufgaben die im Quadrant 3 landen, sind nicht so wichtig, aber sehr dringend zu erledigen. Hier gilt es schnell zu entscheiden, an wen Sie die Aufgabe delegieren können. Gibt es niemanden, überlegen Sie, ob Sie denjenigen, der auf die Erledigung wartet, überzeugen können, ein Stück der Dringlichkeit herauszunehmen. „Dringend" hat für verschiedene Menschen eine völlig unterschiedliche Bedeutung.

Voraussetzungen der
4-Quadranten-Methode

Die Methode setzt voraus, dass Sie innerhalb Ihrer Aufgaben unterscheiden können, was dringend und was wichtig ist. Sie funktioniert nur, wenn Sie sich streng an diese Regeln halten:
• Bilden Sie keine Zwischenhäufchen!
• Fassen Sie jedes Papier nur einmal an!
• Bilden Sie keine Felder 5, 6 und so weiter!

Tipp 43 Schon mit wenig Grundaufwand erzielen Sie guten Nutzen: das Pareto-Prinzip

Das Pareto-Prinzip (auch 80-20-Prinzip) ist benannt nach dem italienischen Wirtschaftswissenschaftler Vilfredo Pareto. Pareto untersuchte zu seiner Zeit (1848 bis 1923) die Verteilung des Volksvermögens in Italien und fand heraus, dass 80 Prozent des Volksvermögens im Besitz von 20 Prozent der Familien konzentriert war. In den 30er-Jahren formulierte Joseph Juran, einer der Vorreiter des Qualitätsmanagements, daraus ein allgemeines Prinzip und benannte es nach Pareto.

DIESES ALLGEMEINE PARETO-PRINZIP BESAGT, DASS 20 PROZENT ALLER MÖGLICHEN URSACHEN 80 PROZENT DER GESAMTEN WIRKUNG ERREICHEN UND ZWAR IM POSITIVEN WIE IM NEGATIVEN SINNE.

Im Qualitätsmanagement bedeutet es, dass 80 Prozent aller Mängel durch 20 Prozent der möglichen Fehler verursacht werden. Übertragen auf das Projektmanagement bedeutet es, dass mit 20 Prozent des Aufwandes bereits 80 Prozent des Ergebnisses erreicht werden. In vielen Bereichen, so auch bei der Organisation Ihres Büros bewirkt also bereits ein geringer Aufwand, dass ein Ziel weitgehend erreicht wird.

Verallgemeinert und also
auch bei der Organisa-
tion gilt: mit 20 Prozent
Einsatz bereits 80 Pro-
zent Wirkung!

Wenn mit 20 Prozent der Ursachen 80 Prozent der Wirkung erreicht werden, bedeutet das, dass mit 20 Prozent des Aufwandes bereits 80 Prozent des Nutzens geschaffen wird. Einige wenige Dinge scheinen damit viel wichtiger zu sein als andere. Wie aber finden Sie heraus, welche 20 Prozent in Ihrem täglichen Arbeitsanfall 80 Prozent Nutzen bringen?

FINDEN SIE HERAUS, WO IHRE STÄRKEN LIEGEN, AN WELCHER STELLE SIE MIT GERINGEM ENERGIE-, KRAFT- UND ZEITAUF-WAND EINE HOHE WIRKUNG ERZIELEN.

Wo sind Ihre Schwächen? An welcher Aufgabe arbeiten Sie besonders lange, weil sie Ihnen nur schwer von der Hand geht?

Beispiel

Als ich vor zwölf Jahren in die Selbstständigkeit gestartet bin, habe ich, zunächst aus Kostengründen, aber auch weil ich meinte, lernen zu müssen, was mir schwer fällt, meine komplette Buchhaltung selbst gemacht, unter Stöhnen und dazu nicht einmal gut, weil mir jegliches Verständnis für Zahlen fehlt. Ich habe gemerkt, dass ich sehr viele Stunden mit einer Arbeit verbringe, mit der ich nur eine geringe Wirkung erziele. Seitdem sammle ich nur noch meine Belege und lasse alles andere vom Steuerberater machen. Das kostet Geld, aber in der Zeit, die ich davor in eine Aufgabe investiert habe, die mich demotiviert hat, gestalte ich lieber ein neues Seminar oder mache Akquise. An dieser Stelle erziele ich mit 20 Prozent Aufwand 80 Prozent Wirkung und das bringt mir viel mehr Geld als ich dem Steuerberater zahle.

In den Anfängen meiner Berufstätigkeit gehörte eine umfangreiche Ablage zu meinen Aufgaben. Ich habe es gehasst, diese Ablage zu machen, empfand es als stupide und ermüdend und wurde während der vielen Stunden, die ich wöchentlich damit verbracht habe, immer demotivierter und unkonzentrierter. So legte ich tatsächlich Schriftstücke an den falschen Stellen ab und es kostete abermals Aufwand, das Schriftstück später wiederzufinden. Zum Glück hatte ich damals einen Vorgesetzten, der erkannte, dass meine Stärke woanders lag, dass ich zum Beispiel mühelos einen schönen Werbetext gestalten konnte in einem Bruchteil der Zeit, den andere im Unternehmen dafür benötigten. Er erkannte, dass hier Ressourcen vergeudet wurden und bot mir an, mir eine Aushilfe zur Verfügung zu stellen, die nach kurzer Einweisung die wöchentliche Ablage erledigte.

„80/20-Denken" bedeutet Konzentration auf das Wesentliche, auf wirkungsvolle Arbeit, profitable Produkte, Dienstleistungen oder Geschäfte. „80/20" bedeutet Dinge zu tun, bei denen man wesentlich mehr herausbekommt, als man hineinsteckt. In dem Zusammenhang fällt mir das erste Seminar ein, das ich vor Jahren gehalten habe, der Titel lautete: „Wir sind da am besten, wo wir uns am wenigsten anstrengen". Da kannte ich Pareto noch gar nicht.

Anwendung: sich auf das Wirkungsvolle konzentrieren!

AUFGEPASST IM BÜROALLTAG! PARETOS FALLEN LAUERN ÜBERALL ...

... und Sie sind hineingetappt, wenn

- Sie immer die Aufgaben erledigen, die andere Ihnen aufs Auge drücken,
- Sie Dinge so tun, wie sie immer schon gemacht wurden,
- etwas tun, das Sie nicht gut beherrschen,
- Tätigkeiten ausüben, bei denen Sie ständig unterbrochen werden,
- Sie mit unzuverlässigen oder inkompetenten Menschen zusammenarbeiten,
- Sie an Besprechungen teilnehmen, bei denen es nicht zu einem Ergebnis kommt.

Tipp 44 Die einfache Stapel-Methode hilft denen, die ein „Chaos-Minimum" brauchen

Wie wir im Kapitel B festgestellt haben, sind wir sehr unterschiedlich in unserem Denken, was eine gute Übersicht und Organisation ausmacht. Was für den einen schon ein perfekt aufgeräumter Arbeitsplatz ist, ist für den anderen immer noch ein unübersichtlicher Arbeitsplatz. Eines ist uns aber weitgehend gemeinsam: Zeit ist nie genug (wir treffen nur sehr selten Menschen, die sich an ihrem Arbeitsplatz langweilen und das sind interessanterweise auch die, die sich über kurz oder lang einen neuen Job suchen) und kompetent in dem, was unsere Aufgabe ist, möchten wir alle erscheinen.

Belassen Sie (wenige, systematische) Stapel, wenn es gar nicht anders geht

Die einfache Stapel-Methode ist für diejenigen von uns geeignet, die ein allzu aufgeräumtes Büro blockiert, diejenigen, die wissen, dass sie dauerhaft nicht dazu tendieren, die einmal hergestellte Grundordnung beizubehalten. Mit der Stapel-Methode wird das Suchen nicht aufhören, aber Sie werden dennoch Zeit gewinnen, weil es nicht mehr so lange dauert.

BILDEN SIE VIER BIS SECHS STAPEL (KÖRBCHEN) UND BESCHRIFTEN SIE SIE NACH IHREN BEDÜRFNISSEN.

Beispiel

- Stapel 1: Das will ich erledigen.
- Stapel 2: Das lese ich in Kürze.
- Stapel 3: Darüber spreche ich mit anderen.
- Stapel 4: Das verschwindet demnächst in Ordnern.

Mit diesen Stapeln haben Sie eine einfache Grundordnung, in der sich notfalls auch eine Vertretung zurechtfinden kann. Achten Sie hier bitte nur auf zweierlei:

- Platzieren Sie die Stapel nicht auf Ihrem Schreibtisch und
- sorgen Sie dafür, dass Sie nicht zu hoch werden („Eichstrich" siehe ▶ Tipp 25).

Spätestens am Ende einer Woche ist es Zeit, sich die Stapel vorzunehmen und dafür zu sorgen, dass sie schrumpfen bevor wieder neues Schriftgut hinzukommt.

Tipp 45 Nutzen Sie als „Vielleser/in" rationelles Lesen zur Zeitersparnis!

In einer Zeit der „Überinformation" und dem Bedürfnis nach Absicherung landen jede Woche viele Schriftstücke, Zeitschriften, Produktinformationen, Wettbewerbsvergleiche und so weiter auf unserem Schreibtisch, die wir zwar nicht gleich, aber doch irgendwann gelesen haben müssen. Dafür brauchen wir, je nach eigenem Interesse an der Information und Schwierigkeitsgrad des geschriebenen Wortes, eine Menge Zeit. Mit der Technik des rationellen Lesens lässt sich diese Lesezeit verkürzen, Sie können nämlich drei- bis fünfmal so schnell sein wie bisher und dabei noch mehr vom Textinhalt mitbekommen. Das rationelle Lesen können Sie ohne langwierige Schulung lernen, wenn Sie eine Reihe von Punkte beachten:

Unmittelbar Zeit sparend, aber nur, wenn keine lange Einarbeitung nötig ist

Kernpunkte des rationellen Lesens ohne lange Einarbeitung

- Rationell lesen heißt nicht unbedingt schnell lesen. Es heißt vernünftig und gut lesen.
- Rationell lesen heißt, dass Sie sich voll auf die Information im Text konzentrieren und die Aufmerksamkeit von allem Nebensächlichen oder Unwichtigem abziehen.
- Entscheiden Sie jeweils vor dem Lesen, wie wichtig ein Text ist und wie viel Aufmerksamkeit Sie ihm widmen müssen.

- Haben Sie einen Text als unwichtig erkannt, sollten Sie Ihre Zeit sparen und ihn nicht lesen. Das klingt selbstverständlich. Studien haben aber gezeigt, dass es in der Praxis nur selten konsequent beachtet wird.
- Übersicht geht vor Einzelheit. Also verschaffen Sie sich immer erst einen Überblick, bevor Sie entscheiden, ob überhaupt, an welchen Stellen und mit welcher Intensität nachzufassen ist.

- Halten Sie sich nicht an unwesentlichen Stellen auf, sondern gleiten Sie zügig durch den Text, bis Sie zum Wichtigen kommen.
- Da das Dauergedächtnis nicht ohne Wiederholungen auskommt, sollten Sie wichtige Textstellen markieren, um später schnell dorthin zurückzufinden.
- Überfahren Sie die wichtigen Textstellen mit weichem Bleistift oder Marker. Die mit Bleistift gekennzeichneten Textstellen können Sie später mit anderen Stiften markieren.
- Versuchen Sie möglichst unmittelbar nach jedem Lesen zu entscheiden, was weiter mit den gewonnenen Informationen geschehen soll, damit Sie sich nicht mit zusätzlichem Zeitaufwand nochmals einlesen müssen.
- Setzen Sie kleinere Denkpausen an das Ende jeder Gedankenpause im Text, so sparen Sie viele der Regressionen (rückwärts laufende Augenbewegungen).
- Lassen Sie auch zwischen dem Lesen verschiedener Texte eine kleine Pause. Wenn Sie das nicht tun, können die im neuen Text gewonnenen Informationen die anderen, aus früher gelesenen Texten verschütten oder blockieren.
- Lesen Sie ruhig, aber flüssig. Dies führt zu einem höheren Dauertempo, als wenn Sie zu schnell lesen und dafür öfters wiederholen müssen.
- Notieren Sie aufkommende Fragen gleich an den Textrand oder auf ein Post-it, falls das Schriftstück keine direkten Notizen erlaubt.

Vielfach sinnvoll: arbeitsteilig lesen

Beim Lesen all des anfallenden Schriftgutes lohnt es auch einmal darüber nachzudenken, wer die entsprechenden Informationen auch durchackern muss und dann ein TEAMERGEBNIS daraus zu machen, zum Beispiel: Drei umfangreiche Schriftgüter sind zu lesen, aber nicht nur von Ihnen, sondern auch von den Kollegen X und Y. Sie einigen sich mit den Kollegen auf eine Arbeitsteilung, das heißt

- *Kollege X liest Text 1,*
- *Kollege Y liest Text 2,*
- *Sie lesen Text 3.*

Jeder von Ihnen fasst im Anschluss daran die wichtigsten Informationen des Textes für die beiden anderen auf maximal einer Textseite zusammen. Das Ergebnis wird sein, dass Sie Spezialist für den selbst gelesenen Text sind, aber in beiden anderen Fällen ausreichend informiert. Das spart nicht nur Ihnen, sondern auch den beiden anderen Zeit und fördert zugleich die Arbeit im Team. Bei der ARCHIVIERUNG reicht es dann aus, wenn Sie die Zusammenfassung ablegen und den Gesamttext mit allen (auch unwichtigen) Details gleich in den Papierkorb werfen, so sparen Sie eine Menge Platz.

PRAXIS

Plan zur Umsetzung

Was war mir in diesem Kapitel wichtig?

....

....

Wie sieht meine persönliche Büroorganisation verglichen mit dem Gelesenen aus?

....

....

Was möchte ich verändern?

....

a) noch heute?

....

....

b) innerhalb der nächsten 72 Stunden?

....

....

Was brauche ich dazu (besorgen, kaufen, bestellen, leihen ...)?

....

Wen werde ich (wie? – eben im Vorbeigehen oder als Aktennotiz ...) über die geplanten Veränderungen informieren?

....

....

Was habe ich tatsächlich innerhalb der geplanten Zeit umgesetzt?

....

....

Meine Belohnung dafür sieht folgendermaßen aus:

....

....

Teil E SELBSTMANAGEMENT

Die freie Enzyklopädie Wikipedia schreibt:

„Das Selbstmanagement umfasst Techniken, die Zeit- und Zielplanung eines Individuums umfassen. War das Zeitmanagement im engeren Sinne mehr dafür gedacht, die im Berufsleben anstehenden Termine und Aufgaben zu koordinieren und zu planen, geht das Selbstmanagement einen Schritt weiter. Es berücksichtigt nicht nur das Arbeitsleben, sondern schlägt eine Brücke zwischen Zeit- und Zielmanagement unter Berücksichtigung auch anderer Lebensumstände wie Familie/Kontakte, Sinn/Kultur und Körper/Gesundheit. Hat das Zeitmanagement zum Ziel, Zeit effektiv zu nutzen, so verfolgt das Selbstmanagement das Ziel, sich selbst zu managen."

Selbstmanagement als Voraussetzung für Zeitmanagement

In unserem Zusammenhang betrachten wir das Selbstmanagement als Voraussetzung für erfolgreiches Zeitmanagement und gleichzeitig als seine logische Konsequenz. Zeitmanagement lässt sich greifen, lässt sich messen und ist mit Hilfe von handfesten Techniken umzusetzen. Selbstmanagement geht in den Bereich der persönlichen Kompetenz oder auch der emotionalen Intelligenz bis hin zur Frage nach dem persönlichen Sinn des Lebens. Wir werden uns hier die Komponenten des Selbstmanagements anschauen, die unmittelbare Auswirkungen auf eine effiziente Arbeit und eine zufrieden stellende Organisation unseres Arbeitsalltags hat. Dazu gehören:

Kernaspekte des Selbstmanagements

- Innehalten und sich immer wieder aufs Neue fragen: Was ist mir wirklich wichtig?
- Überprüfen der eigenen Einstellung zum Unternehmen und der Aufgabe,
- eigene Stärken und Schwächen kennen,
- intrinsische Motivation und Präsenz,
- Ziele formulieren,
- Ja-Sagen können, aber auch Nein-Sagen können,
- Konsequenz/Disziplin,
- lösungsorientiert denken,
- Weitsichtigkeit,
- Mut zu Entscheidungen,
- Offenheit/Kompromissbereitschaft,
- Fehler zugeben können,
- eigene Grenzen kennen und beachten,
- „Spaß an der Freud'".

Tipp 46 Die richtigen Ziele setzen: Was ist mir wirklich wichtig?

Anders als beim Zeitmanagement geht es hier nicht nur um das Setzen von Prioritäten, sondern um die grundsätzliche Frage: Was ist mir wichtig im Leben?

Wenn ich ein Typ bin, dem ein harmonisches Familienleben und ein gemütliches Zuhause wichtig ist, aber ich habe weder Partner noch Kind und ich bewohne nur ein teilmöbliertes Appartement, weil ich ohnehin zehn Stunden täglich arbeite – dann muss ich mich nicht wundern, wenn ich in meinem Job nicht glücklich bin. Dann fällt mir meine Aufgabe und alles, was damit zusammenhängt, schwer. Ich erfülle damit zwar vordergründig meine Aufgabe, aber keineswegs meine Grundbedürfnisse.

Jeder von uns hat seine persönlichen „Antreiber", die uns bewegen, morgens aufzustehen. Der amerikanische Psychologe Steven Reiss hat diese „Antreiber" in 16 Grundlebensmotive unterteilt:

Was uns wichtig ist – die typischen „Antreiber"

LEBENSMOTIV	ENDZIEL	VERHALTEN
Macht	Einfluss, Erfolg, Führung, Kompetenz	Führerverhalten, Erfolgsstreben
Unabhängigkeit	Freiheit, Autonomie, Ich-Integrität	Selbstbestimmung
Neugier	Wissen, Wahrheit	Problemlösung, Wahrheitssuche
Anerkennung	positives Selbstbild	bestätigend (devot)
Ordnung	Reinlichkeit, Stabilität, Organisation	Sauberkeit, Regeln, Perfektion
Sparen	sammeln, Besitz	sammeln, Sparsamkeit
Ehre	Moralität, Charakter, Loyalität	prinzipiengesteuert, moralische Regeln
Idealismus	Fairness, Gerechtigkeit	sozial orientiert, Fairness
Beziehungen	Freundschaft, Spaß	gesellschaftl. organisiert, Geselligkeit
Familie	Kinder	Elternschaft, ein Heim schaffen
Status	Wohlstand, Titel, Aufmerksamkeit	(guten) Ruf pflegen, vorzeigen
Rache	„Sieg", Aggression	Vergeltung, Kampf
Eros	Sexualität, Schönheit	Sexualität, Erotik, Kunst
Essen	Nahrung, Speisen, Jagd	essen, kochen, „tafeln"
körperliche Aktivität	Fitness	Körper spüren, Sport
Ruhe	Entspannung, Sicherheit	Stressvermeidung

Kontroversen zu unseren Grundmotiven wirken hemmend

Läuft unser tägliches Leben kontrovers zu unseren Grundmotiven, fällt uns unsere Aufgabe doppelt so schwer, weil wir keine Erfüllung finden. Auf Dauer macht uns nicht eine Arbeitsbelastung krank, sondern unsere damit verbundene Einstellung. Ist zum Beispiel eines Ihrer wichtigsten Grundmotive „Macht", Sie sind aber permanent von Entscheidungen anderer abhängig und lediglich „Machthaber" Ihrer Ablage, werden Sie über kurz oder lang unzufrieden und erledigen die anfallenden Arbeiten halbherzig. Dadurch schleichen sich Fehler ein, die Sie mit noch höherem Einsatz wieder ausgleichen müssen und schon werden Sie zum berühmten „Hamster im Rad" und sind damit tatsächlich gefährdet, dem Burn-out-Syndrom zu erliegen. Finden Sie jedoch Ihre Grundmotive heraus (nur Ehrlichkeit sich selbst gegenüber bringt Sie hier zu einem weiterführenden Ergebnis), fällt es Ihnen sehr viel leichter, sich eine Antwort auf die Frage „Was ist mir wirklich wichtig?" zu geben. Wenn Sie wissen, was Ihnen wichtig ist, wird es Ihnen auch gelingen, die (Lebens-)Aufgabe zu finden, die Ihnen Spaß macht.

Aufgaben müssen letztlich Spaß machen, damit wir sie gut bewältigen

Nur bei einer Aufgabe, die uns richtig Spaß macht, bei der wir uns selbst nicht unter Druck setzen müssen oder von außen unter Druck gesetzt werden müssen, werden wir dauerhaft die Leistung bringen, die wir selbst oder andere von uns erwarten.

Tipp 47 Klären Sie die eigene Einstellung zu Ihrer Arbeit!

Aus dem „Reiss-Profil" (siehe ▶ TIPP 46) und der Ermittlung unserer Grundmotive ergibt sich dann auch der nächste Punkt: Welche Einstellung habe ich zu meiner Aufgabe, welche zum Unternehmen?

Ist eines meiner Grundmotive „Idealismus", zu meiner Aufgabe gehört es aber, permanent meine Kunden anlügen zu müssen, muss ich mich nicht lange fragen, warum mir der Job solche Mühe macht. Ist „Anerkennung" ein mir wichtiges Motiv und ich arbeite in der Reklamationsabwicklung, wo Kunden – dummerweise nicht immer sachlich – ihren Unmut äußern, wird meine Einstellung zu meinem Job eher negativ sein und dementsprechend wird mir die Aufgabe schwer fallen. Grundsätzlich unterstützt eine positive Einstellung zur Aufgabe, zum

Unternehmen, seinen Produkten und/oder Dienstleistungen die Leistungsfähigkeit. Betrachten wir unseren Job nur als Mittel der Existenzsicherung wird jegliches „Mehr" an Arbeit, so zum Beispiel die vorausschauende Anlage einer effizienten Ablage als unerträglich empfunden. Stehen wir nicht hinter dem Unternehmen, stellt sich leicht die Einstellung „...mir doch egal ...", „... nach mir die Sintflut ..." oder „...ich mach hier nur meinen Job ..." ein und damit bringen wir uns um die Anerkennung, die wir alle – unabhängig von unseren Grundmotiven – in unserem Beruf suchen. Und vielleicht sollten wir doch noch einmal danach schauen, inwieweit unser Beruf im Entferntesten etwas mit unserer Berufung zu tun hat?!

Aus Motiven resultieren Einstellungen, die handlungsleitend wirken

Tipp 48 Es ist wichtig, die eigenen Stärken und Schwächen selbstkritisch zu beachten

Nur wer sich seiner eigenen Stärken und Schwächen bewusst ist, hat ein optimales Zeitmanagement, denn nur er kann einschätzen, wie leicht ihm eine Arbeit fallen wird und wie entsprechend hoch der Zeitbedarf sein wird.

Richtige Zeiteinschätzung basiert auf der Kenntnis der eigenen Stärken und Schwächen

Ein banales Beispiel, das dies aber gut verdeutlicht: Der Durchschnittswert zum Bügeln eines Herrenhemdes liegt bei fünf Minuten pro Hemd. Bei zehn Hemden brauche ich also 50 Minuten plus Pufferzeit. Das heißt in einer Stunde ist das Thema erledigt. Kenne ich aber meine Bügelschwäche und weiß, dass meine Durchschnittszeit bei zehn Minuten liegt, muss und kann ich anders kalkulieren. Für das Schreiben eines Geschäftsbriefes, für das andere 20 Minuten veranschlagen, kalkuliere ich, wenn ich meine Stärke beim Formulieren kenne, zehn Minuten und kann entsprechend den Tag anders aufteilen.

DIE KENNTNIS DER EIGENEN STÄRKEN UND SCHWÄCHEN HILFT ABER AUCH, SICH IM BÜROALLTAG (UND NICHT NUR DA!) ABZUGRENZEN.

Bei der Übernahme neuer Aufgaben, und sei es durch eine sicher schmeichelhafte Beförderung, sollten wir darauf achten, dass wir möglichst viele unserer Stärken dabei einsetzen können. Die meisten Menschen können sehr schnell zehn Schwächen aufschreiben, fangen aber schon nach der zweiten Stärke an zu stocken. Wenn es auch Ihnen schwer fällt, Ihre Stärken zu ermitteln, tun Sie das über die Schwächen, denn in jeder Schwäche steckt eine Stärke und umgekehrt.

Beispiel

Nehmen wir einmal an, Sie hätten als Schwächen ermittelt:

Unpünktlichkeit,	dann ist die verborgene Stärke darin zum Beispiel	Flexibilität.
Sprunghaftigkeit,	dann kann die verborgene Stärke heißen	Spontaneität.
Pedanterie,	und die verborgene Stärke ist vielleicht	Hartnäckigkeit.

Probieren Sie es einmal aus. Sie werden sehen, dass Sie mit ein wenig Kreativität auch über vermeintliche Schwächen Ihre Stärken ermitteln können. Scheuen Sie sich nicht, das eine wie das andere zu zeigen. Ein bisschen Klappern gehört immer zum Handwerk und manchmal müssen Vorgesetzte und Kollegen erst auf besondere Fähigkeiten hingewiesen werden, damit sie sie bei Ihnen auch entdecken können. Umgekehrt ist es nicht peinlich zu sagen: „Das liegt mir nicht ..." oder „Das geht mir nicht gut von der Hand", denn nur, wenn Sie anderen Ihre Schwächen in bestimmten Bereichen zeigen, haben Sie auch die Möglichkeit um Unterstützung zu bitten. Außerdem sind kleine Schwächen menschlich und machen uns sympathisch.

Tipp 49 Äußere Anreize nicht überschätzen: primär zählt die intrinsische Motivation

„Ich habe in diesem Jahr keine Gehaltserhöhung bekommen, also mache ich hier nur Dienst nach Vorschrift." Ein fataler Satz, mit dem wir uns selbst um unsere Motivation bringen. *„Sollen sie doch alle über die Stapel in meinem Büro fallen, die erkennen doch sowieso nicht an, was ich hier leiste ...",* wem schaden wir mit solchen Gedanken oder Aussprüchen mehr als uns selbst?

Amerikanische Motivationsforscher haben herausgefunden, dass weder eine Gehaltserhöhung noch eine Incentive-Reise oder ein noch größerer Firmenwagen uns dauerhaft motivieren. Die daraus resultierende Motivation ist leider aufgrund der schnellen Gewöhnung immer nur von kurzer Dauer und trägt nicht. Ein anerkennendes Wort hat da schon eine ganz andere Wirkung, aber auch hier schlummert eine Gefahr, denn wer uns lobt, hat Macht über uns. Nehmen wir heute das Lob zu ernst, wird uns morgen die Kritik niederschmettern.

MOTIVATION IST ETWAS, DAS AUS UNS SELBST HERAUS DIE DAUERHAFTESTE WIRKUNG HAT, DESHALB SPRECHEN WIR AUCH VON INTRINSISCHER MOTIVATION.

Ist es wirklich wichtig, dass uns der Vorgesetzte für das super aufgeräumte Büro lobt oder ist es nicht vielleicht viel wichtiger, dass wir selbst stolz auf uns sind und uns viel wohler fühlen an unserem gut organisierten Arbeitsplatz? Kommt die Motivation aus uns selbst heraus, stärkt sie gleichzeitig unser SELBSTWERTGEFÜHL und wir sind in der Lage, eine viel größere „PRÄSENZ" auszustrahlen, brauchen uns weniger zu verbiegen und wirken dadurch souverän und kompetent.

Intrinsische Motivation kann sich nur dann einstellen, wenn wir unsere Aufgabe als sinnvoll erleben, das Gefühl haben, zum Erfolg des Unternehmens einen guten Teil beizusteuern. Sie unterstützt uns, eine uns zunächst einmal unangenehm erscheinende Aufgabe in Angriff zu nehmen, weil wir das Endziel vor Augen haben. Intrinsische Motivation lässt uns eigenverantwortlich handeln und gibt uns das Gefühl, in hohem Maße selbstbestimmt zu sein. Einen Satz wie: „Das müssen Sie aber heute noch fertig machen", werden Sie dann kaum noch hören, weil Sie sich schon vorher entschieden haben, DAS heute noch fertig machen zu wollen.

Intrinsische Motivation basiert auf Sinn

Tipp 50 Ziele sollten konkret formuliert und möglichst schriftlich festgehalten werden

Viele Menschen wissen genau, was sie nicht wollen und auch auf die Frage: „Weißt du denn, was genau du willst?", antworten sie spontan mit „Ja, natürlich!". Aber wie kommt es dann, dass so viele Menschen ihre Ziele nicht klar definieren?

ES REICHT NICHT AUS, ZU MEINEN, MAN HABE EIN ZIEL IM KOPF. VIELMEHR MUSS EIN ZIEL SCHRIFTLICH GEPLANT UND FORMULIERT WERDEN.

Ziele schriftlich – und damit verbindlicher – fixieren!

Das ist nötig um es zu erreichen, denn sonst kommt der Alltag mit all seinen Widrigkeiten dazwischen und macht uns das schönste gedachte Ziel zunichte. Das geschriebene Wort hat eine wesentlich höhere Zugkraft als das gesprochene.

Richtig formulierte Ziele sorgen dafür, dass wir nicht nur die Motivation haben, ein Vorhaben zu beginnen, sondern die Umsetzung auch durchzuziehen und durchzuhalten, wenn es länger dauert. Erst wenn wir überhaupt ein Ziel SCHRIFTLICH formuliert haben, werden wir auch die Chancen und Möglichkeiten sehen, es zu erreichen. Menschen, die keine klar formulierten Ziele haben, werden oft von denen eingesetzt, die sehr wohl wissen, wo sie hinwollen.

Uns keine Ziele zu setzen, hat natürlich auch Vorteile, denn dann ist das, was wir tun, ja nicht messbar, wir müssen uns nicht anstrengen und riskieren auch kein Misserfolgserlebnis. Wer so denkt, wird nie wirklich erfolgreich sein, denn auch wenn wir ein Ziel nicht erreichen, findet auf dem Weg dorthin in jedem Fall Weiterentwicklung statt und wir erreichen eine Menge Teilziele, die wir ohne ein konkretes Ziel nie erreicht hätten. Vielleicht motiviert Sie der Gedanke, dass Sie die Wahl haben: Entweder Sie setzen sich Ihre eigenen Ziele oder Sie werden von anderen zur Erreichung deren Ziele eingesetzt. Was wollen Sie? Sich ein oder mehrere klare Ziele zu setzen, dauert nur wenige Minuten, die Sie einen entscheidenden Schritt voran bringen – die Zielformulierung hilft, besser Prioritäten zu setzen und energisch aufs Erreichen hinzuarbeiten.

Entwicklung braucht Ziele

So setzen wir uns ein realistisches Ziel

Zielformulierungen richtig vornehmen

1. Zieldefinition in einem klaren, gehirngerecht (das heißt positiv) formulierten Satz, der es ermöglicht, eine bildhafte Vorstellung vom angestrebten Zustand zu haben.
2. Genauen Zeitpunkt der Zielerreichung festlegen.

So wäre ein Ziel falsch formuliert

Ich werde im Laufe des Jahres mal versuchen, meinen Arbeitsplatz umzugestalten, damit mein Schreibtisch nicht mehr überläuft, ich nicht mehr so unsortiert bin und das ewige Suchen aufhört. (Das Ziel ist sehr unkonkret und nicht gehirngerecht formuliert. Wenn wir uns ein Bild vom angestrebten Zustand machten, sähen wir einen überquellenden Schreibtisch, mit uns Haare raufend und fieberhaft suchend davor sitzend.)

ZIELE RICHTIG SETZEN

So formulieren Sie ein Ziel richtig und gehen seine Umsetzung aktiv an!

Eine richtige Formulierung lautet beispielsweise:

„Am (Datum) habe ich meinen Arbeitsplatz so organisiert, dass ich mich wohl fühle, mein Schreibtisch frei ist wie mein Kopf und ich alle Unterlagen innerhalb weniger Sekunden finde."

UND SO GEHEN SIE IM EINZELNEN VOR:

1. Antrieb für die Zielerreichung suchen. (Warum ist es mir so wichtig, dieses Ziel zu erreichen? Was habe ich, was haben andere davon?) Ich möchte:

- ... entspannt beim Arbeiten sein.
- ... souverän auftreten und Kompetenz ausstrahlen.
- ... mich in einem gut organisierten Büro wohl fühlen, gern zur Arbeit kommen.
- ... es meinem Vorgesetzten einfach machen, sich in meinem Büro zurechtzufinden.
- ... den Azubis Vorbild sein.

2. Ziel auf seine „Tragfähigkeit" prüfen und mögliche Konsequenzen bedenken.

- Ich werde ein paar Überstunden machen müssen.
- Ich werde mit dem Einkauf diskutieren müssen, wenn ich neue Ablagekörbchen brauche.
- Ich werde nach der Erreichung des Ziels jede Woche einen Termin mit mir selbst machen müssen, um das System dauerhaft zu halten.

3. Ressourcen sichten, die zur Zielerreichung beitragen.

- In drei Wochen haben wir eine Aushilfe im Haus, die mir beim ersten Ausmisten helfen kann.
- In vier Wochen ist mein Chef im Urlaub, es ist ruhiger und ich kann mal abends etwas liegen lassen.
- Kollegin X hat mir Hilfe angeboten.
- Ich habe einen gut funktionierenden Kopf und zwei gesunde Hände.

4. Aktionsplan erstellen – welche einzelnen Schritte/Maßnahmen sind zur Zielerreichung erforderlich?

5. Zwischenziele zeitlich abstecken.

- Chef über geplante Veränderungen informieren: bis 31.07.
- Ist-Zustand ermitteln: bis 31.08.
- Material einkaufen: bis 15.09.
- Schreibtisch gestalten: bis 30.09.

6. Boykottierende Gedanken („Ich schaffe es sowieso nicht zeitlich"), in positive Sätze umwandeln („Ich fange an und gebe mein Bestes, weil es mir wichtig ist"). Negativkommentare anderer („Das willst du dir wirklich antun, du hast wohl zu viel Zeit?!") ignorieren oder mit Humor parieren („Ja, ich habe Unmengen Zeit, deswegen fange ich bei mir mal an und danach stelle ich gleich noch dein Büro auf den Kopf. Buuuh!").

7. Am 31.12. Bestandsaufnahme machen: Ist das Ziel erreicht, zu wie viel Prozent ist es erreicht? Bin ich mit dem Ergebnis zufrieden?

Wenn SIE mit dem Ergebnis zufrieden sind, ist es in Ordnung, denn es war IHR Ziel. Die Erreichung oder teilweise Erreichung ist an sich schon Grund zur Freude und Belohnung genug, trotzdem: Konsequenz ist immer eine zusätzliche Belohnung wert! Was werden Sie sich als Dank an sich selbst Gutes tun?

51 Ja-Sagen können – aber immer mit voller Konsequenz

Auf Unvorhergesehenes, das Vorhaben bremst, eindeutig reagieren!

Viele unserer Vorhaben werden durch Unvorhergesehenes gebremst, Störungen sind genauso an der Tagesordnung wie Bitten von Vorgesetzten und Kollegen *„Kannst du mal eben ...?"*

BEI EINEM GUTEN SELBSTMANAGEMENT GIBT ES GENAU ZWEI MÖGLICHE ANTWORTEN: JA ODER NEIN.

Es gibt kein *„Mal gucken ..."*, *„Schaun wir mal ..."* oder *„Vielleicht"*. Wenn Sie sich entscheiden „Ja" zu sagen, dann sagen Sie uneingeschränkt „Ja" und nicht *„Ja, aber nur weil Sie es sind ..."*, *„Ja, obwohl ich eigentlich keine Zeit habe"*, *„Ja, aber richtig passen tut es mir gerade nicht"*. Das lässt Sie in den Augen anderer inkonsequent, wichtigtuerisch oder unentschlossen wirken. Darüber hinaus belasten Sie sich selbst damit. Ein „Ja" ist ein „Ja" – im Reden und im Handeln. Das heißt

... mit einem eindeutigen Ja (trotz Störung das Angeforderte gern tun)

auch, dass Sie gerne tun, was Sie für den anderen tun und sich nicht zusätzlich das Leben schwer machen durch einen inneren Dialog in die Richtung: *„Hätte ich doch bloß nicht ..."* oder *„... hat er mich ja mal wieder schön um den Finger gewickelt"*. Tun Sie, was Sie zugesagt oder versprochen haben ohne Reue

... mit einem Nein, wenn es nicht geht

und ohne nachzukarten, denn dann geht Ihnen die Arbeit leicht von der Hand. Dieses Mal haben Sie „Ja" gesagt, stehen Sie dazu. Beim nächsten Mal können Sie ja „Nein" sagen.

52 Nein-Sagen können – ohne Angst vor ungerechtfertigten Folgen

Die Gründe, warum es vielen von uns so schwer fällt „Nein" zu sagen, sind vielfältig. Wenn wir uns auf die Schliche kommen

Nein-Boykotteure herausfinden!

und herausfinden, welches unser „Nein-Boykotteur" ist, ist es leichter, die Ängste, die wir mit dem Aussprechen eines „Neins" haben, zu überwinden.

Die typischen Ängste vor dem „Nein-Sagen"

Die Angst, abgelehnt und nicht mehr gemocht zu werden

Viele von uns haben schon als Kind die Erfahrung gemacht, dass Menschen uns mehr mögen, wenn wir ihren Erwartungen entsprechen und/oder ihnen irgendwie nützlich sind. Jetzt sind wir aber erwachsen und brauchen das Spiel „Sei lieb, dann mag ich dich auch" nicht mehr mitzuspielen.

Ganz gleich, was wir tun, es wird uns nicht gelingen, uns durchs Leben zu bewegen ohne an der einen oder anderen Stelle jemandem auf die Füße zu treten. Wenn wir das permanent vermeiden wollen, müssen wir konsequent unehrlich sein oder uns so lange verbiegen, bis wir nicht mehr als Persönlichkeiten wahrgenommen werden und dann wird es wiederum Menschen geben, die uns genau deshalb nicht mögen, weil wir so „angepasst" sind.

Uns müssen nicht alle Menschen mögen. Was passiert denn, wenn mal der eine oder andere darunter ist, der uns ablehnt? Nichts passiert, das wissen wir im Grunde.

Es heißt also nur noch: Leg' die Emotionen zu den Akten und konzentrier' dich auf die Fakten.

Kollege X mag Sie nicht mehr, weil Sie eine Bitte ausgeschlagen haben? Schön, wenn er Sie nur mag, wenn Sie seine Bitten erfüllen, dann kann es Ihnen doch egal sein, wenn er Sie nicht mehr mag, denn von so einem wollen Sie doch gar nicht gemocht werden oder zumindest ist es Ihnen gleichgültig, ob er Sie mag oder nicht.

Angst vor Konsequenzen

Diese Angst ist im Berufsleben durchaus nicht unberechtigt, denn nicht jeder reagiert freudig, wenn Sie eine Bitte um einen Gefallen ablehnen. Es kann also durchaus zu einer offenen Auseinandersetzung oder auch einem versteckten Konflikt kommen, die schwer wiegendste Konsequenz wäre, den Job zu verlieren.

Hier gilt es realistisch abzuwägen, wie wichtig Ihnen das „Nein" ist (weil er etwa immer wieder Ihre Hilfsbereitschaft oder Gutmütigkeit ausnutzt oder sich auch noch mit fremden Federn schmückt, weil er Ihnen noch nie einen Gefallen getan hat und so weiter).

Eine Auseinandersetzung oder ein Konflikt sind durchaus nichts Schlimmes, sie gehören zum täglichen Miteinander dazu (oder geht in Ihrem Privatleben immer alles ohne Konflikte ab?), aber es gibt auch die Möglichkeit, sie zu vermeiden, indem wir demjenigen unser konsequentes „Nein" erklären. Gerade bei den folgenden Beispielen zum Ausnutzen von Hilfsbereitschaft kann eine erneute Bitte an Sie ein willkommener Anlass für ein Grundsatzgespräch sein, in dem Sie dem anderen Ihre Position deutlich machen.

Das Bedürfnis gebraucht zu werden

Kleines „Helfer-Syndrom"? Es ist ja so schön, anderen Menschen behilflich zu sein und es tut auch so gut, dafür gelobt zu werden. Prima, dann stehen wir aber auch zu unserem „Ja" (Tipp 51) und meckern nicht hinten herum bei anderen, dass wir es mal wieder nicht geschafft haben, „Nein" zu sagen.

Wichtig ist hier nur, dass Sie Ihre persönlichen Grenzen kennen und laut „Stopp" schreien, wenn Sie sich endgültig überfordert fühlen. Vielleicht führt Sie auch der Gedanke weiter, dass Menschen, die für andere und deren Belange „allzeit bereit sind" hinten herum oft belächelt und nicht ernst genommen werden. Wollen Sie das?

ANGST ETWAS ZU VERSÄUMEN

Wenn ich „Nein" sage, fragt er sicher jemand anderen und der macht es vielleicht noch besser als ich und dann werde ich beim nächsten Mal nicht mehr gefragt und dann bin ich vielleicht nicht mehr so im Thema oder im Geschehen ... Kennen Sie solche Gedankenketten? Wenn ja, stimmt, dann sind Sie vielleicht in diesem Bereich nicht so gut informiert (aber müssen Sie das?)

Mit jedem „Nein" setzen Sie Prioritäten, Sie treffen eine klare Entscheidung gegen etwas zugunsten von etwas anderem. Bleiben Sie standhaft, wir können nicht überall sein oder gehen Sie zu jeder Party, zu der Sie eingeladen werden, auch wenn Sie Kopfschmerzen oder tatsächlich gar keine Lust haben? Dann schauen Sie sich doch noch einmal den ersten Punkt an: Angst abgelehnt zu werden?

Auf eine einfache Frage, wie zum Beispiel:

„Haben Sie heute noch Zeit, den Monatsbericht auf Fehler durchzusehen?", gibt es zwei einfache Antworten:

„Ja, die Zeit nehme ich mir" oder

„Nein, heute geht es nicht mehr. Tut mir leid".

(Der letzte Satz ist übrigens ein sehr guter Nein-Übungssatz, probieren Sie ihn öfter mal aus.

Dummerweise werden Bitten aber nicht immer so gradlinig und durchschaubar, sondern etwas subtiler gestellt, sodass wir überrumpelt werden und in die „Ja-Falle" tappen.

Gegen solche Strategien sollten Sie angehen

Hier sind einige Strategien derer, die uns dazu bewegen wollen, etwas für sie zu tun:

Schuldgefühle auslösen

„Gestern Abend kam Ihr Chef noch zu mir und wollte unbedingt einen Brief geschrieben haben, als Sie weg waren. Habe ich natürlich gleich gemacht, obwohl ich eigentlich auch Feierabend hatte. Ach, apropos Brief, ich habe hier eine Reklamation, die ich beantworten soll, da finde ich gerade gar keinen Zugang zu ... Ich lasse Ihnen das Kundenschreiben schnell mal hier, sicher sind Sie so nett ..."

Die Kollegin hofft hier auf das Prinzip „Eine Hand wäscht die andere", ein Motto, was sicher im menschlichen Miteinander auch funktioniert.

Aber hier werden Sie schlicht überrumpelt und ein eventuelles „Ja" würde ein Ärger-Ja sein. Deshalb: Sagen Sie „Nein", wenn es Ihnen nicht passt auch wenn die Kollegin Ihnen einen Gefallen getan hat: *„Dankeschön, Frau X, es ist sehr freundlich, dass Sie gestern noch einen Brief für meinen Chef geschrieben haben. Ich glaube, das ‚Nein-Sagen' müssen wir beide noch üben. Ich fange gleich mal damit an: Natürlich helfe ich Ihnen gerne bei Ihrem Brief. Reicht es Ihnen, wenn wir uns morgen nach der Post zusammensetzen?* (Lassen Sie sich nichts aufs Auge drücken, sondern nehmen Sie die Kollegin mit in die Pflicht!) *Heute kann ich es nicht mehr einrichten. "*

Eine kleine Erpressung

„Der Bericht muss auf jeden Fall heute noch raus, sonst muss ich mich morgen vorm Aufsichtsrat rechtfertigen und dann heißt es, wir hätten unsere Abteilung nicht im Griff. Ich kann mir nicht vorstellen, dass Sie das wollen, denn das kommt ja auch auf Sie zurück. "

Der Chef hat offensichtlich seine Vorbereitungen nicht rechtzeitig abgeschlossen und nimmt Sie jetzt mit dieser kleinen Erpressung mit in die Verantwortung. Ärgerlich, aber an dieser Stelle sicher nicht klug, „Nein" zu sagen.

„Im Grunde passt es heute nicht mehr, Herr X, ich mache den Bericht jetzt fertig, damit Sie sich nicht rechtfertigen müssen, bitte Sie aber gleichzeitig, mit mir gemeinsam darüber nachzudenken, wie wir diesen immer wiederkehrenden Zeitdruck beim Fertigstellen des Monatsberichts herausnehmen können. Setzen wir uns übermorgen deswegen mal zusammen?"

Druck

„Wie, Sie wollen schon nach Hause? Diese drei Briefe müssen aber heute noch raus und es gehört ja schließlich zu den Aufgaben einer Sekretärin, flexibel zu reagieren und auch mal die eine oder andere Überstunde zu machen ... "

Hier erinnert der Vorgesetzte an die Aufgaben einer Sekretärin, übt ein bisschen Druck aus und macht ihr gleichzeitig ein schlechtes Gewissen. Abzuwägen ist hier, ob die Überstunden an der Tagesordnung sind (davon gehen wir bei der vorgeschlagenen Antwort einmal aus) oder ob sie wirklich seltene Ausnahmen sind.

„Ich denke wir beide wissen, dass ich gerne länger bleibe, wenn es die Situation erfordert, Herr X, dennoch muss ich Ihnen heute einen Korb geben, weil ich heute einen Nachfolgetermin

habe. Gleich morgen früh kümmere ich mich als Erstes um die Briefe." (Wichtig ist, dass Sie hier mit gerader Körperhaltung und fester Stimme, die keinen Widerspruch mehr duldet, sprechen. (Fest heißt nicht zickig, beleidigt oder unfreundlich.)

Überrumpelung

„Frau X, ich lege Ihnen gerade mal ein paar Zahlen für die Statistik ins Körbchen. Sie wissen ja, wie schwer ich mich damit tue. Sind Sie so lieb, das eben für mich zu machen?" (Und schon ist der Kollege wieder raus ohne Ihre Antwort abzuwarten.)

Bei einer solchen Überrumpelung müssen Sie nicht mitmachen. Nehmen Sie das Blatt aus dem Eingangskörbchen und bringen es ihm zurück.

„Herr Y, ich hatte vorhin keine Gelegenheit auf Ihre Bitte zu reagieren, möchte Sie aber nicht umsonst warten lassen. Ich habe die Statistik jetzt einige Male für Sie gemacht, möchte das aber jetzt nicht mehr, weil ich sonst mit meiner eigenen Arbeit nicht nachkomme. Bitten Sie doch jemand anders, Ihnen behilflich zu sein. Gerne kann ich Ihnen bei Gelegenheit, wenn es bei mir etwas ruhiger ist, auch kurz erklären, wie die Statistik erstellt wird."

Eine nette Schmeichelei

„Frau X, ich weiß, Sie sind die fleißigste Frau im Unternehmen und ich habe auch ein ganz schlechtes Gewissen, Sie abermals um Hilfe bei ... zu bitten, aber Sie sind einfach die Einzige, auf die man sich hundertprozentig verlassen kann."

Nett gemeinte Strategie und dazu noch sehr erfolgreich. Fragen Sie sich, ob Sie sich tatsächlich so um den Finger wickeln lassen wollen.

„Herr Y, und Sie sind der charmanteste Mann im Unternehmen und ich freue mich sehr über Ihr Lob, was es mir ganz schwer macht ‚Nein' zu sagen. Bloß heute wird es in der Tat ein ‚Nein' sein, denn ich möchte/will ... noch fertig machen." (Und damit drücken Sie ihm das Papier lächelnd wieder in die Hand.)

Die Mitleidstour

„Sabine, mein Chef ist heute mal wieder drauf ... Schmeißt mir den Schreibtisch voll mit Arbeit und jetzt soll ich ... auch noch machen. Mein Kleiner hat Grippe und ruft dauernd an: ‚Mami,

wann kommst du denn endlich, ich bin so allein.' (Ein paar Tränchen können hier kullern.) *Ich weiß wirklich nicht mehr, wo mir der Kopf steht ... Sabinchen, kannst du mir vielleicht in dieser Notlage mal unter die Arme greifen ...?"*

Auch hier gilt es wieder abzuwägen, ob es sich offensichtlich wirklich um einen einmaligen Notfall handelt oder ob das die „klassische Tour" der Kollegin ist (davon gehen wir bei unserem Antwortvorschlag einmal aus).

„Manuela, ich würde dir gerne helfen und habe das ja in der Vergangenheit auch immer wieder getan, aber damit ist das Problem ja nicht gelöst, denn ich fühle mich dann meinerseits überfordert, weil meine eigene Arbeit liegen bleibt. Sprich doch mal mit deinem Chef, wie ihr die Situation verändern könnt. Am besten jetzt gleich ...! Ich drücke dir die Daumen, dass er einsichtig ist, damit du schnell zu deinem Kleinen kommst. Und bestell ihm gute Besserung ...!" (Damit wenden Sie sich wieder Ihrer Arbeit zu, denn wenn die Kollegin so unter Druck steht, hilft ein langes Gespräch ihr auch nicht weiter.)

Natürlich gibt es noch viele andere Situationen, wo Sie „Nein" sagen müssen oder wollen und es gibt auch keine Patentlösung für das Aussprechen eines „Neins".

FÜR ALLE „NEINS" GILT ABER: SPRECHEN SIE SIE FEST, DABEI ABER IMMER FREUNDLICH UND WERTSCHÄTZEND. SIE SAGEN IN DER REGEL NICHT „NEIN" ZU DIESEM MENSCHEN, SONDERN NUR ZU DEM, WAS ER VON IHNEN MÖCHTE.

Tipp 53 Veränderungen mit Konsequenz starten und mit Disziplin durchhalten

Konsequenz als Teil unseres Selbstmanagements ist nicht die Folge von irgendetwas, sondern eher gleichzusetzen mit ZIELSTREBIGKEIT. Um konsequent zu handeln, brauchen wir Rückgrat, auch einmal gegen die Meinung anderer etwas zu tun, vor allem aber um unseren ärgsten Feind, den inneren Schweinehund, immer wieder zu besiegen. Sie treffen die Entscheidung, Ihr Büro künftig anders zu gestalten, ein paar von den hier gelesenen Ideen umzusetzen, weil Sie sich sicher sind, dass Ihnen Ihre Arbeit dann noch mehr Spaß macht und Sie entspannter sind. Um Ihre Entscheidung in die Tat umzusetzen und den

Alles was Sie sich vornehmen (Büro neu organisieren ...) braucht Konsequenz

ersten Schritt zu tun, brauchen Sie Entscheidungskraft. Um nach dem ersten auch noch den zweiten und den zehnten Schritt zu tun, brauchen Sie Konsequenz.

Um Ihr neues Bürosystem dauerhaft auf dem einmal eingerichteten Status zu halten, brauchen Sie darüber hinaus noch Disziplin. Für die einen eine selbstverständliche Eigenschaft, die dazu führt, dass sie regelmäßig ihr Gewicht kontrollieren, joggen gehen, um Punkt 19 Uhr abends meditieren, für die anderen ein Fremdwort. Disziplin mag manchmal eine Geißel sein, die der Spontaneität und der ausufernden Lebensfreude im Weg ist – in Bezug auf die Organisation eines Büros ist sie eine ausgesprochen unterstützende Eigenschaft.

Diese Methoden helfen, wenn wir Probleme mit Konsequenz und Disziplin haben

Was aber tun, wenn weder Konsequenz noch Disziplin sehr ausgeprägt bei uns sind? Wir bauen uns Stützräder, mit denen es sich leichter fahren lässt, so zum Beispiel:

- Wir schreiben auf (siehe Zielsetzung), was wir im Einzelnen tun werden und wir kontrollieren regelmäßig unsere Fortschritte. Für jedes Detail, das wir umgesetzt haben, machen wir einen großen Haken an den betreffenden Vorsatz und holen uns darüber persönliche Erfolgserlebnisse. Erfolgserlebnisse und die damit verbundenen schönen Gefühle (Stolz, Zufriedenheit) machen süchtig, sodass wir mehr davon haben wollen.
- Wir erzählen anderen von unserem Vorhaben, mit der Bitte, uns zu ermutigen oder auch mal den berühmten Tritt in den Allerwertesten zu geben, wenn wir aufzugeben drohen oder einfach nur nachlassen.
- Wir arbeiten die Zielsetzungsliste sukzessive ab und setzen jedes nicht erreichte Teilziel unter Strafe oder andersherum jedes erreichte Teilziel unter Belohnung.
- Wir lesen jeden Tag auf der Zielliste nach, warum es uns so wichtig ist, dieses Ziel zu erreichen.
- Wir lassen uns motivieren, indem wir uns ein Büro anschauen, das genauso aussieht wie wir es gerne hätten.
- Wir tun jeden Tag fünf Minuten lang etwas, das uns unserem Ziel näher bringt – nur fünf Minuten!
- Haben wir den angestrebten „Büro"-Zustand erreicht, machen wir, so lange bis der Zustand für uns zur Normalität geworden ist, einen täglichen Termin von zehn Minuten mit uns selbst (siehe ▶ **TIPP 25**) und einmal wöchentlich einen

einstündigen Termin mit uns selbst, wo wir die notwendigen Korrekturen zur Zustandserhaltung vornehmen.

Damit der Termin nicht „geschlabbert" wird, ist es günstig, ihn möglichst immer um die gleiche Zeit zu haben (wenn wenige Störungen zu erwarten sind) und zwischen zwei bereits bestehende regelmäßige Tätigkeiten zu schieben, zum Beispiel: Morgens 07.45 Uhr: Kaffee kochen – Termin mit sich selbst (bis der Kaffee durch ist) – dann erst Computer anschmeißen und E-Mails lesen.

Auch wenn Disziplin nicht jedem im Blut liegt, wir alle können sie lernen, denn sie ist eine Willensentscheidung und denken können wir alle. Haben wir über unsere Disziplin erst deutliche Erfolge erzielt, werden wir sie nicht mehr missen wollen.

54 Lösungsorientiert denken

„Ich hätte da gerne mal ein Problem", hieß es einmal in einem Sketch, in dem ein wenig unser Problembewusstsein persifliert wurde. Nein, wir hätten nicht gerne ein Problem, aber die meisten von uns haben dauernd mindestens eins. Das ist normal, denn Probleme entstehen immer dann, wenn nicht alles glatt und unseren Erwartungen gemäß läuft. Wie langweilig wäre das Leben, wenn wir keine Herausforderungen mehr hätten und wie wenig wüssten wir noch die problemlosen Zustände dazwischen zu schätzen. Probleme gehören also zu unserem Leben dazu wie sorgenfreie Stunden auch.

Ein Problem ist auch eigentlich kein Problem, sondern nur ein zu lösender Sachverhalt – das Problem am Problem ist unser negatives Denken darüber und entsprechend unsere eingeschränkte Handlungskompetenz. Manchmal erscheint es fast so, als seien Probleme ein willkommener Anlass, etwas zu unterlassen. *„Ich hätte ..., würde ..., könnte ..., wenn da nicht dieses Problem wäre."* Es gibt viele Ansätze zur Problemlösung, von der genauen Analyse des Problems und dem entsprechenden Entwurf von Strategien bis hin zum eher philosophischen Ansatz „change it, love it or leave it". Wichtig bei allem ist unsere Einstellung, dass Probleme kommen und gehen und zu unserem Leben als Wachstumschancen dazu gehören.

Probleme sind eigentlich „neutral", negativ ist unser Denken

Wir haben alle schon erfahren, dass persönliche Entwicklungen vielfach in Tälern, also in Krisenzeiten, und nicht auf den Bergen stattfinden. Haben wir ein weiteres Problem gelöst, haben wir unsere Handlungskompetenz erweitert und neue wertvolle Erfahrungen mit anderen und mit uns selbst gesammelt. Allerdings sollten uns Probleme nicht so sehr ans Herz wachsen, dass wir sie zu lange festhalten. Probleme wollen gelöst werden und je schneller wir das tun, desto weniger haben sie Gelegenheit zu wachsen, sich in unserem Gehirn einzunisten und wertvolle Energie zu binden. Damit wir uns richtig verstehen:

Gelöste Probleme bereichern uns und bringen weiter

> ES GEHT NICHT DARUM, PROBLEME DURCH DAS VIEL GEPRIESENE POSITIVE DENKEN SCHÖNZUREDEN ODER GAR ZU NIVELLIEREN, SONDERN DARUM, MIT KLAREM VERSTAND EIN PROBLEM KRAFTVOLL ANZUPACKEN.

Dabei sollten wir uns immer wieder bewusst machen, dass nicht das Problem uns lähmt, sondern unsere eigene negative Einstellung zu diesem Problem. Und was hindert Sie daran, andere Themen anzupacken, Vorhaben umzusetzen, auch wenn Sie gerade ein Problem haben? Wir essen ja auch weiter, wenn wir an anderer Stelle des Körpers unter Verstopfung leiden. Dem Problem ist es völlig egal, wenn Sie zwischendurch einmal etwas ganz anderes tun, zum Beispiel Ihren Schreibtisch neu zu gestalten. Im Gegenteil, wahrscheinlich wird die Struktur, die Sie Ihrem Umfeld damit geben, sogar dem Problem zunutze sein, denn mit dem Aufräumen im Außen räumen Sie auch Ihre Gedanken und Gefühle auf.

Tipp 55 Weitsichtigkeit zum Prinzip machen

Über den eigenen Tellerrand schauen, vorausschauend denken und handeln können, das sind Fähigkeiten, die man Unternehmern unterstellt. Wenn wir alle bezogen auf unseren Arbeitsplatz vorausschauend denken, dann kann der Vorgesetzte sich entspannt zurücklehnen.

Zu dumm, dass Betriebsblindheit und die vielen kleinen Belanglosigkeiten des Alltags uns den Blick trüben und von Weitsichtigkeit keine Rede mehr sein kann. Weitsichtigkeit hat immer etwas mit Offenheit zu tun, nach Vorbildern, nach guten Ideen, nach Tendenzen im In- und Ausland Ausschau zu halten und so weiter.

Dazu gibt es vielfältige und unterschiedliche Möglichkeiten:

Möglichkeiten, den eigenen Horizont zu erweitern

- Man kann z.B. Vorträge besuchen, Menschen aus anderen Berufsgruppen treffen, Bücher und Fachzeitschriften lesen, manchmal sogar Beiträge im Fernsehen anschauen. Wichtig ist nur, dass man das Beobachtete oder Gelesene dann auch in einen unmittelbaren Zusammenhang mit der eigenen Tätigkeit bringt: Was heißt das für meine Aufgabe, für unser Unternehmen? Welche Idee lässt sich realisieren? Welchen Nutzen kann ich aus dem ziehen, was ich gesehen habe?
- Weitsichtigkeit heißt auch zu agieren statt zu reagieren. Wenn wir ein Vorhaben erst dann umsetzen, wenn die Zeit drängt oder wenn die Vorgabe von außen eine Handlung unumgänglich macht, dann müssen wir darauf reagieren. Fremdbestimmt, denn jetzt haben wir keine Möglichkeit mehr, das Vorhaben nach eigenem Gutdünken umzusetzen. Wie viel schöner ist es da, ohne Druck von außen und selbstbestimmt zu agieren.

Ein Beispiel für Weitsichtigkeit

Ein Baufinanzierer, der seine Vorgänge der bearbeiteten, sprich finanzierten Kunden nach zehn Jahren entsorgen kann (und aus Platzgründen auch entsorgen muss), lässt jede seiner Akten mikroverfilmen. Das kostet Geld, aber er möchte vermeiden, dass er, wenn seine Bestandskunden ihn nach Ablauf von zehn Jahren anrufen, was in seiner Branche durchaus vorkommt, nicht mehr mit ihren Daten vertraut ist, nicht nachschauen kann und damit wenig kompetent auf seine Kunden wirkt. Er verschafft sich dadurch langfristig einen Vorteil gegenüber den Konkurrenten, die weniger weitsichtig nicht in eine solche Datensicherung investieren.

WENN SIE ALSO JETZT IHR BÜRO NEU ORGANISIEREN, SCHAUEN SIE NICHT NUR AUF DIE SITUATION, WIE SIE SICH HEUTE DARSTELLT, SONDERN LASSEN IHRE GEDANKEN DARÜBER, WELCHE ANFORDERUNGEN IHR BÜRO IN ZUKUNFT ERFÜLLEN MUSS, MIT EINFLIESSEN.

Tipp 56 Beweisen Sie Mut zu Entscheidungen

„Besser eine schlechte Entscheidung als gar keine Entschei-dung", ist das eine Aussage, die Sie unterschreiben würden? Oder gehören Sie zu denen, die Perfektionismus oder Angst vor Fehlentscheidungen dazu verleitet, Entscheidungen vor sich herzuschieben, nach dem Motto: *„Schaun wir mal ..., gut Ding will Weile haben und manchmal erledigen sich Dinge ja durch Liegenlassen ..."*. Die Last einer unerledigten Arbeit wird von Tag zu Tag größer, die Last einer vor sich hergeschobenen Entscheidung auch. Wo gearbeitet wird, da werden Fehler gemacht und wir wären Roboter, wenn wir alles, was wir tun, immer richtig machen würden. Fehler kann man in der Regel korrigieren, Versäumtes aber nur schwer nachholen.

Es führt nicht weiter, Entscheidungen vor sich her zu schieben

Wohlgemerkt: Wir sprechen hier über die Entscheidungen, die gehäuft in der normalen Tagesroutine gefällt werden müssen und nicht über die grundsätzlichen strategisch-geschäftlichen Entscheidungen von großer Tragweite. Diese lassen sich durch systematische Methoden zur Entscheidungsfindung unterstützen, was aber natürlich nicht in diesem Buch behandelt werden kann.

Wenn Sie sich also im Büroalltag dabei ertappen, dass Sie *„würde, könnte, hätte ..."* sagen, dann wissen Sie, dass Sie Vorwände nutzen um eine Entscheidung vor sich herzuschieben oder sich nicht endgültig festlegen zu müssen. Entscheidungen zu treffen, macht stark, Entscheidungen zu schieben, schwächt das Selbstbewusstsein. Und wenn Sie sich nicht sicher sind, was zum Beispiel (nach unserem Muster) auf Ihren Schreibtisch gehört, zwingen Sie sich, JETZT eine Auswahl zu treffen. Die meisten Entscheidungen sind nicht für die Ewigkeit, Sie können sie meist wieder korrigieren. Ohne den Mut zu Entscheidungen kommen wir nicht weiter im beruflichen (und im privaten) Alltag und Risikobereitschaft brauchen wir schon dann, wenn wir uns entscheiden, uns in einen Bus zu setzen.

Tipp 57 Zeigen Sie Offenheit und Kompromiss-bereitschaft!

Offenheit haben Sie schon bewiesen, als Sie dieses Buch gekauft haben: Sie sind neugierig, bereit, sich neue Informationen vermitteln zu lassen.

Damit sind Sie vielen Menschen schon einen großen Schritt voraus, die nämlich sagen: *„Natürlich regiert hier manchmal das Chaos, aber ich finde mich ja zurecht, was die letzten zehn Jahre leidlich funktioniert hat, wird auch noch weitere zehn Jahre Bestand haben."* Natürlich gilt es abzuwägen, was wirklich nützlich ist und was vielleicht nur ein kurzfristiger Modetrend, der sich schon in einem halben Jahr als nutzlos erweist.

Offenheit heißt Informationen zu sammeln und dann aus einem großen Angebot auszuwählen, was für Sie und Ihre Situation nutzbringend ist. Offenheit heißt auch, Ideen, Tipps oder Erfahrungen anderer auf sich wirken zu lassen und nicht gleich abzuwerten, nur weil es nicht die eigene Idee war.

Informationen sammeln, Lösungen anderer prüfen

Wenn Sie vorhaben, Ihr Büro neu zu organisieren, sprechen Sie mit anderen über Ihre Ideen und nutzen Sie auch deren Erfahrungen. Erprobte Systeme können Sie vielleicht übernehmen, das Rad wird auch nicht jeden Tag neu erfunden. Bewerten Sie die Vorschläge anderer nicht, denn was sonst aus Ihnen spricht ist nichts anderes als Ihr Rechthabetrieb. Die Befriedigung dieses Triebes schluckt aber nur kostbare Zeit und bringt Ihnen nicht einmal die Sympathie anderer ein. Kompromissbereitschaft ist angesagt, wenn Ihr Vorgesetzter mit einem Ihrer Pläne nicht einverstanden ist. Sie mögen seine Idee unsinnig finden; aus seiner Sicht der Dinge hat er aber genauso Recht wie Sie. Vielleicht gibt es eine dritte Variante, mit der Sie beide leben können und wenn nicht – erfüllen Sie ihm doch einfach seinen Wunsch, dadurch zeigen Sie Großzügigkeit und Stärke.

Selbstbewusstsein ermöglicht Offenheit

Offenheit ist ein Zeichen von gutem Selbstbewusstsein, denn wer offen ist, riskiert unter Umständen auch die Kritik derer, die anders denken. Schon oft haben wir den Satz gehört: *„Rufen Sie bitte nächste Woche noch einmal an, meine Sekretärin ist gerade im Urlaub und ich finde mich hier nicht zurecht."* Schön für die Sekretärin? Ein Zeichen dafür, dass sie unentbehrlich ist? Nein, ein Zeichen dafür, dass sie ihren Chef unselbstständig gemacht hat um selbst glänzen zu wollen. Glauben wir wirklich, wir seien unersetzbar? Ein schöner Gedanke, aber weit ab von jeder Realität.

Ein Büro organisiert zu haben, heißt auch, dass andere sich darin zurecht finden, wenn wir nicht da sind. *„Ja, aber die Zeit für eine reibungslose Übergabe gibt es oft kurz vor dem Urlaub nicht, und erst recht nicht, wenn wir krank werden"*, mögen Sie

*Sich nicht für unentbehr-
lich halten, Vertretung
gezielt organisieren*

sagen und Sie haben natürlich Recht. Deshalb heißt es auch, Vorsorge zu treffen und zwar in den Zeiten, wo wir Muße haben, einen VERTRETUNGSPLAN zu erstellen. Das geht mit Hilfe der Arbeitsplatzbeschreibung sehr leicht und wenn wir uns dann noch vor Augen führen, wie eine durchschnittliche Woche bei uns aussieht, dann brauchen wir für die Erstellung eines solchen Planes nicht länger als zwei Stunden. In diesem Plan steht genau drin, welche Fristen Sie einzuhalten haben, was Sie am Tag in welcher Reihenfolge tun und wo die entsprechenden Unterlagen dazu zu finden sind. Haben Sie einen solchen allgemeinen Plan einmal erstellt, brauchen Sie ihn vor Ihrem Urlaub nur noch um die Abwicklung aktueller Projekte zu ergänzen. Damit nehmen Sie sich einen großen Teil der Hektik kurz vor dem Urlaub, zeigen Teamgeist (den Ihr Chef oder Ihre Vertretung Ihnen danken werden) und beweisen, dass Sie Ihren Arbeitsplatz wirklich im Griff haben.

Tipp 58 Lernen Sie, Fehler zugeben zu können!

Trotz aller Weitsicht kann es passieren, dass wir Dinge übersehen, falsch einschätzen, einfach vergessen. Keine angenehme Situation, aber auch keine Katastrophe. Das, was Fehler tatsächlich in der Wirkung unangenehm macht, ist der Versuch, sie zu vertuschen, Ausreden zu finden oder die Schuld auf andere abzuwälzen. Menschlicher und viel stärker wirken wir, wenn wir offen sagen: *„Ich habe einen Fehler gemacht. Das tut mir leid."* Wenn es uns dann noch gelingt, im Vorfeld eine Idee parat zu haben, wie wir den Fehler wieder ausmerzen können, beweisen wir gleichzeitig unternehmerisches Denken und ein Fehler kann unter Umständen sogar positive Wirkung haben.

*Fehler zugeben können,
Folgen ausbügeln, kons-
truktiv damit umgehen*

Gerade wenn wir ansonsten besonders perfekt in unserer Arbeit sind, lauern Kollegen geradezu darauf, uns einmal bei einem Fehler zu ertappen. Na und? Geben wir ihnen doch einmal einen Anlass zur Freude! *„Jetzt hast du dein Büro so perfekt durchorganisiert und dann vergisst du trotzdem den Abgabetermin? Das gibts ja nicht ..."*. Wie reagieren wir auf einen solchen Satz? Vor allem gelassen, denn wenn wir zeigen, dass wir uns darüber ärgern, weiß der entsprechende Kollege, dass er ins Schwarze getroffen hat und wird in Zukunft diese vermeintliche Schwachstelle immer wieder zu treffen versuchen.

Gelassen heißt: Keine Rechtfertigung, keine patzige Antwort, sondern lediglich ein kurzer Satz: *„Ja, mich wundert es auch, dass ich den Termin verschwitzt habe."* (Wenn Sie mögen, können Sie noch ergänzen um *„Wieder ein schöner Beweis dafür, dass niemand perfekt ist".)* Und noch einmal: Wenn wir ein gestörtes Verhältnis zu Fehlern haben, werden wir auf Dauer Handlungsblockaden aufbauen und uns um viele Erfolgserlebnisse und wertvolle Erfahrungen bringen. Fehler sind da, um gemacht zu werden, sonst bräuchten wir nicht einmal das Wort „Fehler" in unserer Sprache. Was erzählen wir unseren Kindern immer so gerne: Aus Fehlern lernt man. Na bitte ...

Tipp 59 Die eigenen Grenzen kennen und sie beachten lernen

Gemeint sind nicht Kompetenzgrenzen, sondern die Grenzen der eigenen Belastbarkeit. *„In einem gesunden Körper wohnt ein gesunder Geist",* heißt es so schön. Wenn wir uns dann umhören und umsehen, wie viele Menschen über körperliche Symptome klagen, müssen wir uns vielleicht fragen, wie es um den menschlichen Geist bestellt ist. Nicht immer ganz einfach, im Alltagsgetümmel die eigenen Grenzen zu erkennen. In der Regel sendet uns der Körper eindeutige Signale – so schickt er uns in eine freundliche Ohnmacht, wenn der Schmerz zu stark wird –, aber selbst diese Signale nehmen wir oft gar nicht mehr wahr. Sechs Wochen Urlaub im Jahr müssen es bringen und den Rest gilt es irgendwie zu überstehen. Dummerweise überstehen ihn nicht alle, sondern handeln sich ein nettes „Burnout-Syndrom" oder mit 40 einen ersten Herzinfarkt ein.

Belastungen im gesundheitlich verträglichen Rahmen halten

DESHALB IST ES SO WICHTIG, JEDEN TAG IN BALANCE ZU VERBRINGEN.

Es lohnt, hierzu das eine oder andere Buch zu lesen (siehe dazu Literaturverzeichnis im Anhang) und sich herauszugreifen, was Sie anspricht und für Sie persönlich funktioniert.

Im Folgenden werden wir im Rahmen unseres Themas punktuell einen Blick auf einen ausgeglichenen Arbeitsalltag werfen, der Ihnen erste Anstöße geben soll, sich mit den einzelnen Facetten dieser Thematik dann auch ausführlicher zu beschäftigen.

Das Burn-out-Syndrom

Unter dem Burnout-Syndrom versteht man einen Zustand chronischer Erschöpfung. Als Hauptursache wird eine hohe Arbeitsbelastung im beruflichen Umfeld genannt. Das Burnout-Syndrom ist somit eine typische und zunehmende Zivilisationskrankheit unserer schnelllebigen Zeit. Vom Burnout-Syndrom können Menschen in allen sozialen Schichten betroffen sein, wie wir an den Fällen der prominenten Spitzensportler Sven Hannawald und Sebastian Deisler und der Schlagersängerin Michelle sehen konnten.

Nach einer anhaltenden Phase großer Anstrengung, in der man sich durch lang anhaltendes, hohes Engagement bis hin zur völligen körperlichen und geistigen Erschöpfung aufzehrt, folgt bei Burnout-Patienten der Einbruch. Im Anschluss an diese Aktivitätsphase kehrt sich der Wille „alles zu geben" ins Gegenteil um und sorgt für eine deutlich reduzierte Arbeitsbereitschaft. Begleitet wird diese häufig durch einen teilweisen oder vollständigen Rückzug aus dem öffentlichen Leben. Ähnlich wie beim manisch-depressiven Krankheitsbild kann es zu abwechselnden Schuldzuweisungen gegenüber sich selbst (depressives Verhalten), aber auch gegenüber anderen (aggressives Verhalten) kommen.

Die Symptome des Burn-out-Syndroms

Die Symptome umfassen sowohl psychologische als auch physiologische Beschwerden:
- Depressionen
- Schlafstörungen
- Kopfschmerzen
- Reduzierung sozialer Kontakte
- Neigung zu Alkoholismus und Drogenmissbrauch
- Gedanken über Selbstmord/Suizidialität

Die Behandlung des Burn-out-Syndroms

Erkennt der Betroffene rechtzeitig, also in einem frühen Stadium, die Symptome des Burnout-Syndrom, sind die Erfolgsaussichten auf eine vollständige Genesung allein durch einen längeren Urlaub, eine Phase der Besinnung und ggf. Neuorientierung mit anderen Prioritäten noch sehr hoch. Ist die Symptomatik gravierender, ist der Betroffene auf professionelle Hilfe angewiesen. Durch Psychotherapie und gegebenenfalls unterstützend eingesetzte Präparate wie Johanniskraut (in schweren Fällen auch Psychopharmaka / Antidepressiva) können auch Krankheitssymptome des Burnout-Syndroms im fortgeschrittenen Stadium behandelt werden. Der Weg ist nur länger und so weit müssen wir es nicht kommen lassen.

Tipp 60 Biorhythmus beachten, für Entspannung und richtige Ernährung sorgen

Grundsätzlich ist die tägliche Verfassung bei jedem Menschen unterschiedlich, es gibt Menschen, die sich morgens um sechs Uhr schon topfit fühlen und diejenigen, die erst um neun Uhr das Gefühl haben, langsam wach zu werden.

Kleiner Erfahrungsbericht

Aus eigener Erfahrung weiß ich aber, dass diese sicher nicht ganz falsche Wahrnehmung eine Frage der Gewohnheit ist und Gewohnheiten lassen sich bekanntlich ändern. Ich glaubte immer, ein nachtaktiver Mensch zu sein, der morgens gerne länger schläft oder wenn er schon früh aufstehen muss, dann jedenfalls noch mit mindestens einem geschlossenen Auge durch die Welt läuft. Indiz dafür war auch, dass morgens immer so einiges schief ging: Im Bad löste ein herunterfallender Lippenstift gleich eine Kettenreaktion aus und riss Zahnbürste und Kamm gleich mit zu Boden, der Kaffee war eine wässrige Brühe, weil die Filtertüte umgeknickt war und das Wasser am Kaffeepulver vorbei lief ... Nicht ganz freiwillig, sondern weil ich bei meiner Tätigkeit für einen Radiosender zur um fünf Uhr beginnenden Frühschicht um vier Uhr aufstehen musste, änderte ich meinen Tagesablauf für sechs Wochen. Anfangs war das eine Katastrophe, aber nach und nach gewöhnte ich mich an das frühe Aufstehen. Natürlich war ich abends gegen zehn zu müde um noch mehr als *„Gute Nacht"* zu sagen und ging deshalb nicht wie bisher zwischen Mitternacht und ein Uhr schlafen, sondern eben Stunden früher. Während dieser Zeit hat sich mein Körper umgestellt und heute bin ich morgens schon lange vor dem Klingeln des Weckers gegen 06.30 Uhr wach. Nach einem guten Frühstück (auf den ungesunden Kaffee verzichte ich immer noch nicht) fühle ich mich eine Stunde später absolut leistungsfähig. Wenn Sie also meinen, ein Nachtmensch zu sein, sind Sie allerhöchstens ein gewohnheitsmäßiger oder antrainierter Nachtmensch und können sich jederzeit zu einem Tagmensch umpolen, wenn Sie wollen.

TROTZ INDIVIDUELLER SCHWANKUNGEN IST DIE GRUNDSÄTZLICHE LEISTUNGSKURVE BEI MENSCHEN ÄHNLICH.

Sie umfasst drei grobe Abschnitte, in etwa wie folgt:

GRUNDSÄTZLICHE MENSCHLICHE TAGESLEISTUNGSVERTEILUNG			
Durchschnittliche Leistungskurve	**Gute Zeit für ...**	**Erklärung**	**Tipp**
ca. 7 oder 8 – 12 Uhr			
Vom Morgen bis zum Mittag steigt Ihre Leistungskurve.	Wichtige, zentrale Aufgaben (z.B. Entscheidungen, Besprechungen, schwierige Telefonate).	Sie sind ausgeschlafen und haben noch alle Kräfte.	Bauen Sie ein zweites Frühstück ein (am besten Obst) und trinken Sie reichlich (Wasser).
ca. 12 – 15 Uhr			
Vom Mittag bis zum frühen Nachmittag sinkt Ihre Leistungskurve.	Nicht ganz so wichtige Arbeiten; aber Vorsicht: was Sie in dieser Zeit lesen, vergessen Sie rasch.	Das Verarbeiten des Mittagessens braucht Energie, sie wird dem Gehirn entzogen.	Mittags leicht essen (ein eigenes Thema, wozu viele Vorurteile kursieren, deshalb informieren).
ca. 15 – 17 oder 18 Uhr			
Vom Nachmittag bis zum Abend steigt die Kurve wieder. Das „Hoch" des Vormittags wird nicht mehr erreicht.	Routinearbeiten	Der Körper hat das Essen verdaut und sammelt Kräfte, aber der Tag dauert nun schon ein paar Stunden.	Überlegen Sie zum Tagesabschluss, ob alles erreicht wurde und planen Sie den nächsten Tag.

Der richtige Tagesabschluss ist wichtig für Ihre Balance; die im obigen Tipp angeratene Bilanz bezieht sich auf den geistigen Teil, aber Sie müssen auch auf Ihren Körper achten: Wenn Sie sehr müde und ausgepowert sind, gehen Sie nicht (direkt) auf die Couch, sondern verschaffen Sie sich eine Art der Bewegung, die Ihnen entspricht. Danach fühlen Sie sich gestärkt. Und wenn das bisher noch nicht geschehen ist: Tun Sie etwas, das Ihnen richtig Spaß macht. Heute schon gelacht?

Die angegebenen Uhrzeiten und Zeitspannen sind Durchschnittswerte und schwanken im Einzelfall, bis hin dazu, dass jemand wirklich einen anderen Rhythmus haben mag.

Den eigenen Rhythmus finden – die Durchschnittswerte sind Anhaltspunkte

FINDEN SIE DESHALB IHRE INDIVIDUELLE LEISTUNGSKURVE HERAUS.

Dann können Sie in Zukunft Ihre Aufgaben Ihrem persönlichen Biorhythmus anpassen. Dazu brauchen Sie nur eine Woche lang zu protokollieren, dazu folgende Checkliste:

CHECKLISTE ZUR ERMITTLUNG DES EIGENEN BIORHYTHMUS

Protokollieren Sie eine Woche lang und werten Sie aus:

- Was tue ich in welcher Zeit?
- Wie schätze ich nach einem Notensystem von 1 bis 4 (1 für topfit, 4 für schlafwandelnd) meine Leistungsfähigkeit ein?
- Was frühstücke ich?
- Was esse ich zwischendurch?
- Was esse ich zu Mittag?
- Wann gehe ich schlafen?
- Wie fühle ich mich beim Klingeln des Weckers?

Danach experimentieren Sie einmal:

Was passiert, wenn ich morgens früher aufstehe, wenn ich mehr (Wasser) trinke als gewöhnlich, wenn ich zu Mittag leichte Kost (z.B. Salat) esse, wenn ich nach Feierabend für Bewegung sorge, Sport treibe?

SCHON EINE KLEINE VERÄNDERUNG SCHLÄGT WELLEN UND ZIEHT VERÄNDERUNGEN IN ANDEREN BEREICHEN NACH.

61 Entspannungsübungen und Ernährungstipps fürs Büro

ENTSPANNUNG

Erste Hilfe gegen Stress

1. Bewusstes Atmen
Diese Übung ist eine der einfachsten und effektivsten gegen Stress: Setzen Sie sich dazu aufrecht hin, schließen Sie die Augen und stellen Sie die Füße flach auf den Boden. Atmen Sie langsam tief durch die Nase ein. Halten Sie den Atem zwei bis drei Sekunden an. Atmen Sie dann so wieder aus, dass sich Ihr Bauch nach vorn wölbt. Wiederholen Sie diese Übung fünf- bis zehnmal.

2. Verdrehen der Augen
Schließen Sie die Augen und schauen Sie dann nach oben, unten, rechts und links. Versuchen Sie anschließend die Augen im Kreis zu bewegen – erst im Uhrzeigersinn und dann in der Gegenrichtung. Nehmen Sie sich für jede Teilübung zwei Minuten Zeit.

3. Strecken des Rückens
Setzen Sie sich auf das vordere Drittel Ihres Stuhls und öffnen Sie die Beine hüftbreit. Heben Sie die Arme über den Kopf und strecken Sie die Fingerspitzen so es weit es geht nach oben. Lassen Sie Ihren Oberkörper dann auf die Knie fallen, die Arme sind dabei ausgestreckt. Das machen Sie siebenmal, dann verschränken Sie beide Arme hinter dem Rücken und dehnen Ihren Brustkorb zehn Sekunden lang. Anschließend machen Sie zehn Sekunden einen Katzenbuckel.

4. Abrollen des Rückens
Stellen Sie sich aufrecht hin, die Beine etwa hüftbreit auseinander. Rollen Sie langsam Ihre Wirbelsäule Wirbel für Wirbel nach unten, bis Ihr Oberkörper entspannt nach unten hängt. Atmen Sie einige Male bewusst ein und aus. Rollen Sie langsam Wirbel für Wirbel nach oben, bis schließlich der Kopf als „Krone" wieder seinen Platz auf der Wirbelsäule findet. Wiederholen Sie diese Übung dreimal.

5. Schattenboxen
Stellen Sie sich in einen stabilen Stand und gehen Sie leicht in die Knie. Die Füße stehen etwa schulterbreit auseinander. Winkeln Sie jetzt die Arme an und boxen Sie mit den Fäusten kraftvoll nach vorne.

DIE RICHTIGE ERNÄHRUNG IM BÜRO

Das Frühstück

Achten Sie beim Frühstück auf eine ausgewogene Zusammenstellung. Vollkornprodukte sind Weißbrot vorzuziehen. Als Belag kommen fettarmer Käse, magere Wurst und Gemüsescheiben in Frage. Natürlich machen auch die Müslifans keinen Fehler, angerührt mit Milch oder Joghurt und frischem Obst sorgt es für einen guten Start in den Tag.

Ein gutes Frühstück hebt den Blutzuckerspiegel nach der Nacht wieder an und erhöht unsere Leistungsfähigkeit. Nehmen Sie sich Zeit fürs Frühstück und wenn Sie Gelegenheit haben, mit Kollegen gemeinsam zu frühstücken und dabei erste Themen des Tages zu besprechen, dann tut das nicht nur Ihnen, sondern auch dem Betriebsklima gut.

Snacks zwischendurch

Sie brauchen kein schlechtes Gewissen zu haben, wenn Sie zwischen den Hauptmahlzeiten eine kleine Zwischenmahlzeit einlegen, im Gegenteil, das ist gut, sofern der Snack nicht aus Schokoriegeln oder den heiß geliebten Konferenzplätzchen besteht. Wenn Sie also am späten Vormittag einen Leistungsabfall verzeichnen, essen Sie Obst, Joghurt o.Ä. Häufigeres Essen steigert das Wohlbefinden und wirkt positiv auf unsere Gesundheit. Lesen Sie Details bitte in der Fachliteratur nach!

Das Mittagessen

Dass riesige Fleischberge und fette Saucen Ihre Leistungskraft nicht steigern, das wissen Sie, versuchen Sie deshalb grundsätzlich auf Eisbein und andere fette Speisen zu verzichten. Günstiger sind leichte Salate und kohlenhydratreiche Lebensmittel wie ein Gemüseauflauf, Kartoffeln oder Reis. Diese Nahrungsmittel halten durch den Ballaststoffanteil lange vor und verhindern den Heißhunger nach Büroschluss.

Die Getränke

Wir brauchen zwei (bis drei) Liter Flüssigkeit am Tag. Ist es heiß oder die körperliche Belastung hoch, steigt der Wasserbedarf. Neben Wasser sind Kräuter- und Früchtetees am geeignetsten um die verloren gegangenen Wasserreserven aufzufüllen. Fruchtsäfte sollten aufgrund des hohen (Eigen-)Zuckergehaltes mit Wasser verdünnt werden.

Insgesamt gilt für die vernünftige, gesunde Ernährung, was oben zum Biorhythmus gesagt wurde: es gibt differenzierte

Sich über unterschiedliche Auffassungen informieren und das persönlich Richtige tun

Auffassungen. Informieren Sie sich und finden Sie heraus, was Ihnen am besten entspricht.

Tipp 62 Es ist wichtig, den Spaß an der Freud' zu behalten ...

... wie der Rheinländer gerne sagt, lässt sich bezogen auf die tägliche Arbeit im Büro so zusammenfassen: *„Tue, was du liebst und liebe, was du tust."* Das ist natürlich viel einfacher, wenn wir den Beruf ausüben, der unseren Talenten und Wünschen entspricht (siehe Reiss-Profil, ▶ TIPP 46). Natürlich können wir nicht Tag für Tag nur Dinge tun, die uns Spaß machen und wir haben oft nicht die Möglichkeit zu delegieren, was uns keinen Spaß macht. Wenn wir aber auch an Unliebsames fröhlich herangehen und sagen: *„Mit dir mache ich jetzt die Verschwindenummer, du liebe Ablage"*, fällt sie Ihnen mit Sicherheit wesentlich leichter als wenn Sie sagen: *„Ich muss diesen Ablageberg jetzt beseitigen, weil er mich erdrückt."*

Manchmal vergessen wir auch im Alltag, wie gut uns unsere Aufgabe im Grunde gefällt und wie es kommt, dass wir meistens gerne zur Arbeit gehen. Deshalb ist es hilfreich, sich immer wieder einmal selbst zu reflektieren und sich abends vor dem Büroschluss ein paar einfache Fragen zu beantworten:

Reflexionsfragen vor Büroschluss zum Feierabend

- Was hat mir heute Spaß gemacht?
- Was ist mir heute besonders gut gelungen?
- Worauf bin ich heute stolz?
- Worüber habe ich heute gelacht?
- Wofür bin ich heute gelobt worden?
- Wofür habe ich heute jemanden gelobt?
- Was war das netteste, das ich heute gehört habe?
- Welchen Grund habe ich, mich auf morgen zu freuen?

Darüber wird uns schnell bewusst, dass der Büroalltag so schrecklich nicht ist, wir nur immer wieder daran arbeiten müssen, unseren Fokus auf das zu richten, was ihn schön macht. Freude zu empfinden ist eine Willensentscheidung. Wir können uns schon morgens zum Ziel setzen: *„Heute werde ich mindestens fünf schöne Bürosituationen erlebt haben"*, und wenn wir uns dann abends noch die Tagesabschlussfragen oder einige davon beantworten, haben wir schon viel getan um dauerhaft Spaß an dem zu haben, was wir tun. Jemand hat uns einmal gesagt, dass Pessimisten mit ihrer Einschätzung der Dinge oft näher an der Wahrheit liegen als Optimisten, aber Optimisten eben mehr Lebensqualität haben. Ich bin geneigt, das zu glauben. Und Sie?

PRAXIS

Plan zur Umsetzung

Was war mir in diesem Kapitel wichtig?

....

....

Wie sieht meine persönliche Büroorganisation verglichen mit dem Gelesenen aus?

....

....

Was möchte ich verändern?

....

a) noch heute?

....

....

b) innerhalb der nächsten 72 Stunden?

....

....

Was brauche ich dazu (besorgen, kaufen, bestellen, leihen ...)?

....

Wen werde ich (wie? – eben im Vorbeigehen oder als Aktennotiz ...) über die geplanten Veränderungen informieren?

....

....

Was habe ich tatsächlich innerhalb der geplanten Zeit umgesetzt?

....

....

Meine Belohnung dafür sieht folgendermaßen aus:

....

....

 **Teil F** ## ERGONOMIE AM ARBEITSPLATZ

Ziel der Ergonomie:
Leistungshindernde
Faktoren ausschalten

Ergonomie ist eine Wissenschaft, die sich mit der Verbesserung und Anpassung der Arbeitsbedingungen an den menschlichen Organismus beschäftigt. Ihr Ziel ist es, alle negativen Faktoren, die die Leistungsfähigkeit des Menschen beeinflussen, auszuschalten oder zu minimieren. So kann ein falscher Schreibtischstuhl am Arbeitsplatz der Grund für Schmerzen und Rückenerkrankungen sein. Schnell müde werdende Augen, schwere Augenlider lassen auf einen falschen Abstand zum Bildschirm schließen. Nervosität und Angestrengtheit können ohne Weiteres mit einem zu lauten Arbeitsumfeld zu tun haben.

Herausragend bedeut-
sam ist die Ergonomie
am PC-Arbeitsplatz

Mit dem Computer erfassen und bearbeiten wir täglich Texte und Zahlen. Wenn die Darstellung auf dem Bildschirm die Gegebenheiten des menschlichen Auges und des Sehens berücksichtigt, werden vorzeitige Ermüdung und langfristige gesundheitliche Schäden verhindert.

DIE ERGONOMIE WIRD HÄUFIG ALS DIE ANPASSUNG DES ARBEITSMITTELS UND DER ARBEITSUMGEBUNG AN DEN MENSCHEN AUFGEFASST.

Das Wort setzt sich aus zwei griechischen Wortstämmen zusammen, „ergon" = menschliche Arbeit und „nomos" = Regel oder Ordnung. Je monotoner die Tätigkeit ist, umso wichtiger ist eine gesunde Ausrichtung der Möglichkeiten. Eine verbesserte Ergonomie beinhaltet immer eine effektivere Ausführung der Arbeit, was auch wirtschaftlicheres Arbeiten zur Folge hat. Ein angestrebtes Arbeitsergebnis ist unter ergonomischen Gesichtspunkten erreicht, wenn die Beanspruchung und Gefährdung des Menschen so weit wie möglich ausgeschaltet wird.

An der optimalen Arbeitsumgebung und den Arbeitsbedingungen zu sparen, ist eine eher kurzfristige Sichtweise, denn langfristig entstehen dem Unternehmen durch Langzeitschäden beim arbeitenden Menschen wesentlich höhere Kosten als durch die einmalige Anpassung der Rahmenbedingungen an die Erfordernisse des Organismus.

Seit Anfang des Jahres 2000 schreibt der Gesetzgeber im Übrigen vor, dass die Arbeitsplätze den neuen Anforderungen der Bildschirmarbeitsverordnung genügen müssen.

Zu beachten: die Bildschirmarbeitsverordnung

Diese „Bildschirmarbeitsverordnung" existierte schon zuvor und wurde ab Anfang 2000 gesetzlich verbindlich gemacht (was vielfach unter der Überschrift „Schonfrist abgelaufen" durch die Presse ging). Sie regelt u.a., was als Bildschirmarbeitsplatz gilt (und da ist ein breites Feld angesprochen) und schreibt vor, dass Hard- und Software dem Stand der Technik entsprechen müssen, dass und welche Bildschirmpausen einzurichten sind, dass Belastungen klein gehalten werden sollen usw. Berufsgenossenschaften und Gewerkschaften beraten dazu, dass jeder das Recht hat, Vorschläge zu machen und sich über Mängel zu beschweren.

Um als Selbstständiger oder im Unternehmen zuständige Führungskraft einen Arbeitsplatz richtig ausstatten bzw. als Arbeitnehmer auf etwaige Mängel aufmerksam machen zu können, müssen wir natürlich wissen, wie ein ergonomisch gestalteter Arbeitsplatz auszusehen hat – und das nicht nur hinsichtlich der Bildschirmarbeit, sondern generell.

Mängel erkennen und reklamieren setzt voraus, die Anforderungen zu kennen

Tipp 63 Herausragend wichtig – der Arbeitsstuhl

Wichtig sind Maße und Verstellbarkeit

Der Arbeitssitz spielt für das Wohlbefinden nicht nur bei der Bildschirmarbeit eine Hauptrolle. Der beste und teuerste Stuhl ist allerdings nutzlos, wenn er nicht genau auf die Körpergröße und die speziellen Bedürfnisse des Benutzers abgestimmt ist. Das heißt: Der Stuhl sollte so eingestellt werden, dass Ihre Fußsohlen beim Sitzen vollständig den Boden berühren. Der Kniebeugungswinkel sollte 90 Grad betragen. Die Unterarme sollten mit einem rechten Winkel im Ellbogen auf dem Arbeitstisch abgestützt werden können.

BESONDERS WICHTIG IST ES AUCH, DYNAMISCH ZU SITZEN, ALSO KEINE FESTGESTELLTE RÜCKENLEHNE ZU HABEN.

Sie sollten nicht auf der Vorderkante, sondern auf der gesamten Sitzfläche des Stuhls sitzen und immer wieder die Sitzposition wechseln. Rutschen Sie ruhig immer wieder auf Ihrem Stuhl herum und überlegen Sie auch immer wieder, welche Arbeiten (zum Beispiel Telefonieren) Sie auch stehend erledigen können.

MINDESTANFORDERUNGEN AN EINEN ARBEITSSTUHL (nach DIN 4550/4551)	
Sitztiefe	38 bis 44 cm
Sitzbreite	40 bis 48 cm
Breite der Rückenlehne	36 bis 48 cm
verstellbare Sitzhöhe	stufenlos von 42 bis 53 cm
verstellbare Rücklehne	in einem Bereich von 17 bis 23 cm über dem Sitz

Alternative Sitzgelegenheiten bedenken

Alternative Sitzgelegenheiten wie Gymnastikbälle, Kniestühle oder „Stehhilfen" gibt es heute überall im Handel, sie sollen das aktive Sitzen fördern. Aktives Sitzen bedeutet, dass man nicht länger als eine viertel Stunde in ein und derselben Sitzposition verbringt und das Körpergewicht möglichst oft verlagert. Nachteil all dieser alternativen Sitzgelegenheiten ist, dass sie meist keine Rückenlehne haben und es so zu Rückenschmerzen kommen kann. Diese Sitzgelegenheiten sollten nicht über einen längeren Zeitraum und ausschließlich, sondern abwechselnd mit dem klassischen Bürostuhl benutzt werden. Auch ist zu beachten, dass nicht alle diese Sitzmöbel versicherungstechnisch zugelassen sind, sodass man gut beraten ist, vor einer Anschaffung mit der Berufsgenossenschaft den Kauf und Einsatz zu klären.

Tipp 64 Den Arbeitstisch in der richtigen Höhe wählen

Der Arbeitstisch hat die richtige Höhe, wenn die mittlere Tastaturreihe bei bequemer Sitzhaltung – Oberarme senkrecht, Unterarme waagerecht – ohne Probleme erreichbar ist. Die Tischplatte sollte mindestens 120 cm x 80 cm groß sein. Die Idealmaße liegen bei 160 x 90 cm. Wichtig ist ausreichender Raum für die Beine. Eine übersichtliche und zweckmäßige Anordnung der Arbeitsmittel auf dem Tisch sollte möglich sein.

Minimal 120 x 80 cm, besser 160 x 90 cm: gut sind höhenverstellbare Tische

Natürlich sollte die Arbeitsfläche stabil sein und nicht aus Materialien bestehen, die kalt werden können (Blech, Glas oder Stein). Die Arbeitstischhöhe sollte verstellbar sein. Richtig eingestellt ist sie, wenn der Ellbogen, bei angewinkelten Armen, gerade auf der Tischfläche aufliegt. Ein Stehpult kann eine wohltuende Alternative darstellen.

Tipp 65 Herausragend bedeutsam: Aufstellung und Einstellung des Bildschirms

Um Augen- und Rückenbeschwerden zu vermeiden, sollte bei der Aufstellung des Bildschirms sowie bei der Einstellung der Schrift auf einige Punkte ganz besonders geachtet werden:

Beim Aufstellen Lage der Fenster und Lichtverhältnisse beachten

- Stellen Sie den Bildschirm immer so winkelig zum Fenster auf, dass Sie nie mit Blick zum Fenster oder mit dem Fenster im Rücken sitzen!
- Die oberste lesbare Zeile im Bildschirm sollte nicht über dem horizontalen Blickwinkel liegen.
- Die Sehentfernung muss mindestens 50 cm betragen.
- Die Schriftgröße sollte hinreichend sein (zwischen 3 und 4 mm hat sich bewährt). Als optimale Bildschirmschriften bieten sich serifenlose, klare Schriften an (z.B. unter Microsoft® Windows die Schrift Arial).

- Zeichen und Buchstaben müssen scharf und deutlich lesbar sein. Dies bedeutet sowohl einen angemessenen Zeilen- und Zeichenabstand also auch eine optimale Einstellung von Helligkeit und Kontrast.
- Achten Sie auf ein aktuelles TCO-Bildschirmprüfsiegel. Es garantiert die Einhaltung der wesentlichsten arbeitsmedizinischen Kriterien für Bildschirme.

ÜBUNG GEGEN DAS ERMÜDEN DER AUGEN BEI DER BILDSCHIRMARBEIT

Wenn Ihre Augen zwischendurch müde werden, machen Sie die folgende Übung:

Malen Sie sich eine Reihe von Pfeilen in willkürlicher Reihenfolge (nicht zu klein) – nach oben, unten, rechts oder links zeigend – aufs Papier, in etwa so:

1. Legen Sie die Hände ineinander und zeigen Sie mit den Händen in die jeweilige Pfeilrichtung, gleichzeitig sprechen Sie dazu, was Sie sehen, also hier:

   Links, rechts, oben, unten, unten, links, rechts, links, rechts, oben, links, links, unten, oben, links, rechts, oben, unten, links, rechts, oben

   Durch das gleichzeitige Zeigen und Sprechen werden nicht nur die Augen trainiert, sondern auch beide Gehirnhälften wieder aktiviert.

2. Erhöhen Sie nach dem ersten Durchgang die Geschwindigkeit.

3. Wenn es geklappt hat, erhöhen Sie den Schwierigkeitsgrad und sprechen Sie nicht das, was Sie sehen, sondern das, was Sie sehen würden, wenn der Pfeil um 180 Grad gedreht würde, also:

   Rechts, links, unten, oben, oben, rechts, links, rechts, links, unten, rechts, rechts, oben, unten, rechts, links, unten, oben, rechts, links, unten

4. Hat auch das in einer ordentlichen Geschwindigkeit funktioniert, nehmen Sie die dritte Stufe, nämlich Sie tun so, als sei der Pfeil um 90 Grad gedreht, das heißt:

   Oben, unten, rechts, links, links, oben, unten, oben, unten, rechts, oben, oben, links, rechts, oben, unten, rechts, links, oben, unten, rechts

Wir sind sicher: Nach dieser Übung werden Sie sich gleich wieder leistungsfähiger fühlen.

(Wir haben übrigens eine erstaunliche Entdeckung gemacht: Während ich diese Übung für Sie aufgeschrieben habe und mich dadurch auf die Pfeile konzentriert habe, habe ich kaum noch ein Wort richtig geschrieben!)

66 Alle Faktoren des Arbeitsumfeldes beachten

Vornean steht die BELEUCHTUNG: Beim Arbeitsumfeld ist besonders darauf zu achten, dass nicht in zu stark abgedunkelten Räumen gearbeitet wird. Auch Einzelplatzbeleuchtungen führen in der Regel zur Ermüdung der Augen. Spiegelungen oder Reflexionen des Fensters auf dem Computerbildschirm können die Sehstärke des Auges nachhaltig beeinträchtigen.

Beleuchtung, Temperatur und Geräuschkulisse

Eine angemessene RAUMTEMPERATUR für ergonomisches Arbeiten liegt bei etwa 21 bis 22 Grad Celsius. Die relative Luftfeuchtigkeit sollte zwischen 40 und 65 Prozent betragen.

Auch auf die LAUTSTÄRKE im Büro muss unbedingt geachtet werden. Zu laute Büros oder Arbeitsplätze sind häufig Grund für Nervosität. Die Gesamtlautstärke aller Büromaschinen darf deshalb nicht über 55 Dezibel (A) liegen.

67 Die Wirkung von Farben berücksichtigen

Farben wirken genauso auf unsere Stimmung wie etwa Musik, dabei spielt nicht nur die Wirkung einzelner Farbe eine Rolle, sondern auch unsere Vorliebe für bestimmte Farben. Dies ist soweit psychologisch untersucht, dass Architekten und bauhandwerkliche Farbgestalter sinnvolle Regeln für ihre Arbeit ableiten können. Generell lässt sich sagen: Bei der Raumgestaltung lassen warme Farben Räume kleiner wirken, kalte Farben größer. Die Decken sollten heller sein als die Wände und die Wände heller als die Böden.

Bei individuellen Unterschieden gibt es sinnvolle Farbregeln für die Raumgestaltung

ALLGEMEIN EMPFUNDENE FARBWIRKUNGEN IN (BÜRO-)RÄUMEN		
	Decke	**Wände**	**Boden**
Weiß	Neutral, kühl, offen, rein	Neutral, kühl, offen, rein	steril, fremd
Grau	drückend, langweilig	neutral, kühl	neutral, dezent
Gelb	leicht, heiter	heiter, anregend	ablenkend
Orange	anregend, konzentrierend	kommunikativ, anregend	erregend

Rosa	weiblich, weich	weiblich, beruhigend	berührungs-fremd
Dunkelrot	beruhigend, kraftvoll	sinnlich, leiden-schaftlich	signalisie-rend
Blau	himmelartig, erhöhend	kühl, ermutigend	zum Gehen anregend
Grün	deckend, sichernd	spannungsarm	erholsam
Braun	zudeckend, drückend	beengend	sicher, wohlig

Tipp 68 Hinreichende und gut gestaltete Pausen machen

Das Thema Pause hat zwei Aspekte:

Pausen stehen im Gesetz

1. Pausen sind nach Anzahl und Dauer gesetzlich geregelt. So stehen einem Arbeitnehmer laut Bundesgesetz für Arbeit in Industrie, Handel und Gewerbe, der mehr als sieben Stunden pro Tag arbeitet, eine Pause von einer halben Stunde zu. Darüber hinaus kann es zusätzliche Regelungen in Tarifverträgen, Betriebsvereinbarungen etc. geben.

Pausen sind ergono-misch sinnvoll

2. Wir ordnen das Gesetz jedoch nicht mehr als zeitgemäß und den heutigen Anforderungen und Bedürfnissen angepasst ein. Gerade wer viel und lange am Computer arbeitet, sollte jede Stunde eine Pause von ca. sieben Minuten machen. So beugt man dem Austrocknen der Augen vor. Normalerweise macht ein Mensch nämlich 50 bis 60 Augenschläge pro Minute, nach längerer Arbeit vor dem Computer sind es oft nur noch 20 bis 30 pro Minute. Die Augen verdienen deshalb eine Erholung in regelmäßigen Abständen.

Darüber hinaus sprechen weitere ergonomische Gründe für Pausen (z.B. um Bewegungsübungen zu machen, siehe ▶ TIPP 61). Es kommt also nicht nur auf die Pause an sich an, sondern auch darauf, sie sinnvoll zu nutzen. Je nach Arbeitsplatz und der eigenen Rolle (bin ich mein eigener Herr in der eigenen Firma, bin ich angestellt und habe aber sehr flexible Arbeitszeiten, bin ich systematisch in einen Dienst eingespannt usw.) stellt sich das anders dar. Wir möchten Sie hier im Wesentlichen für das Thema sensibilisieren und anregen, nach Lösungen zu suchen.

PRAXIS

Plan zur Umsetzung

Was war mir in diesem Kapitel wichtig?

....

....

Wie sieht meine persönliche Büroorganisation verglichen mit dem Gelesenen aus?

....

....

Was möchte ich verändern?

....

a) noch heute?

....

....

b) innerhalb der nächsten 72 Stunden?

....

....

Was brauche ich dazu (besorgen, kaufen, bestellen, leihen ...)?

....

Wen werde ich (wie? – eben im Vorbeigehen oder als Aktennotiz ...) über die geplanten Veränderungen informieren?

....

....

Was habe ich tatsächlich innerhalb der geplanten Zeit umgesetzt?

....

....

Meine Belohnung dafür sieht folgendermaßen aus:

....

....

Teil G KREATIVES ARBEITEN

Es gibt Untersuchungen, die besagen, dass Menschen rund 60.000 Gedanken täglich denken, von diesen vielen Gedanken sollen rund 95 Prozent täglich nach dem gleichen Muster ablaufen und nur bei drastisch veränderten Lebenssituationen soll die Anzahl der neuen Gedanken sich kurzfristig erhöhen. *„Neue Besen kehren gut"*, sagt der Volksmund und meint damit ja nichts anderes, als dass Menschen, die zum Beispiel neu in einem Unternehmen anfangen, auch neues Gedankengut hineintragen (manchmal zum Leidwesen der langjährigen Mitarbeiter).

Routine hilft im Alltag, verbaut aber auch viel

Dummerweise holt der Alltag jeden von uns sehr schnell ein und vieles wird zur Routine. Routine ist gut, weil wir Sicherheit brauchen – wir wissen, wie es geht ... Routine ist nicht gut, weil sie uns Dinge immer wieder auf die gleiche Weise tun lässt, auch dann, wenn es Alternativen gäbe, schneller oder effizienter Ziele zu erreichen. Wenn wir uns ein Stückchen Kreativität

Kreativität hilft dabei, nicht betriebsblind zu werden

bewahren, laufen wir nicht so schnell Gefahr betriebsblind zu werden und manchmal den berühmten Wald vor lauter Bäumen nicht zu sehen. Ein paar kreative Gedanken listen wir Ihnen hier auf, vielleicht sind sie ein Einstieg, eigene kreative Ideen zu entwickeln und damit nicht nur mit mehr Spaß zu arbeiten, sondern vielleicht auch zu besseren – zumindest anderen – Ergebnissen zu kommen

69 **Mind Mapping überall nutzen, um Ideen zu entwickeln und festzuhalten**

Der Engländer Tony Buzan, der die Mind Map-Technik vermarktet, geht bei dieser Technik davon aus, dass unsere beiden Gehirnhälften unterschiedliche Funktionen wahrnehmen. (Links: rationales Denken, Logik, Sprache, Zahlen, Analyse – rechts: Raumwahrnehmung, Fantasie, Gestalt, Dimensionalität). Das Mind Mapping soll ganz gezielt beide Gehirnhälften ansprechen. Dabei wird empfohlen, Informationen nicht linear in Listen oder Fließtexten darzustellen, sondern in einer Art, die die Aufzeichnungen zu einem individuellen, manchmal merkwürdigen Bild werden lässt. Auf diese Weise verabschiedet man sich von überflüssigen Füllwörtern und konzentriert sich auf Schlüsselworte, die ausreichen, sich später an Einzelheiten der Überlegungen zu erinnern.

Struktur und Visualisierung, die die Kreativität nicht behindert

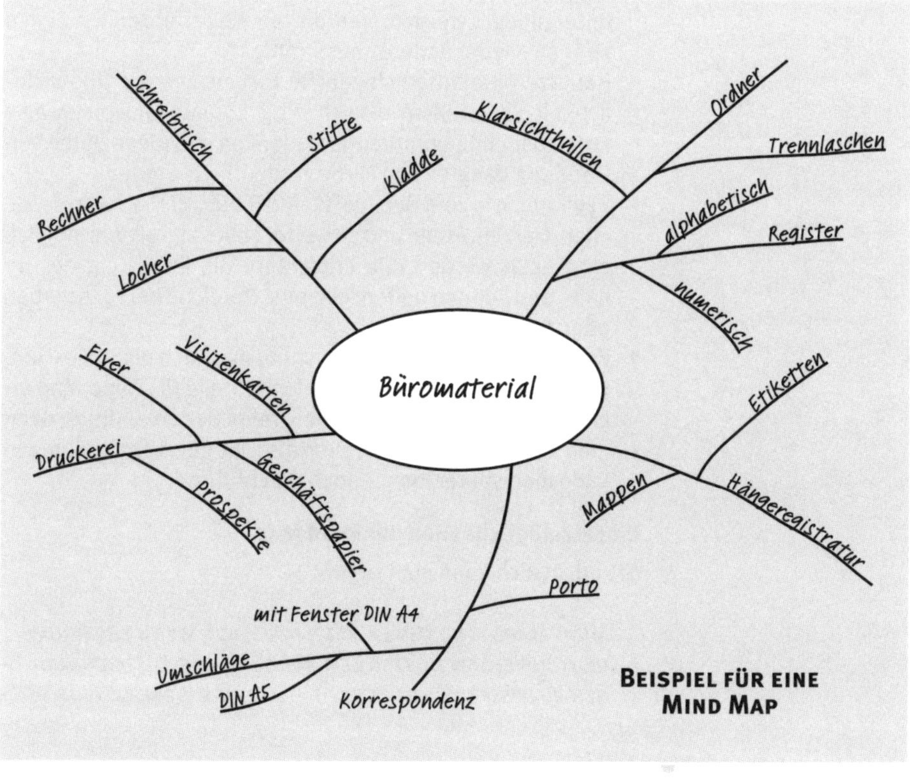

Schreibtisch
Stifte
Klarsichthüllen
Ordner
Trennlaschen
Kladde
alphabetisch
Rechner
Register
Locher
numerisch
Flyer
Visitenkarten
Büromaterial
Etiketten
Druckerei
Geschäftspapier
Prospekte
Mappen
Hängeregistratur
Porto
mit Fenster DIN A4
Umschläge
DIN A5
Korrespondenz

BEISPIEL FÜR EINE MIND MAP

Tipps für die Gruppe und
den individuellen Einsatz

So arbeitet man mit Mind Mapping

- Das Papier (zum Beispiel ein A4-Blatt bei der individuellen Nutzung oder ein Flip Chart beim Arbeiten in der Gruppe) wird im Querformat genutzt. In der Mitte der Seite wird ein einprägsames Bild oder eine kleine Skizze gezeichnet, die das zu behandelnde Hauptthema darstellt. Es ist auch möglich, mit einem prägnanten Begriff zu arbeiten, aber immer sagt ein Bild mehr als tausend Worte.
- Von dem zentralen Bild ausgehend wird für jeden tiefer gehenden Gedanken oder Unterpunkt eine Linie gezeichnet.
- Auf diese Linie werden die einzelnen Schlüsselworte zu den Unterpunkten geschrieben. Diese Worte sollten in Druckbuchstaben eingetragen werden, um die Lesbarkeit und Einprägsamkeit der Mind Map zu erhöhen.
- Von den eingezeichneten Linien können wiederum Linien ausgehen, auf denen die einzelnen Hauptgedanken weiter untergliedert werden. Von diesen weiterführenden Linien können wieder andere „ausstrahlen".
- Benutzen Sie unterschiedliche Farben, um die Übersichtlichkeit zu erhöhen. Gleichzeitig können beispielsweise auch zusammengehörende Gedanken und Ideen durch Verwendung der gleichen Farbe verdeutlicht werden.
- Symbole, wie zum Beispiel kleine Bilder, Blitze, Ausrufezeichen, Herzen, Pfeile und so weiter sollten so oft wie möglich eingesetzt werden. Sie erleichtern die Erfassung des Inhalts und können helfen, einzelne Bereiche hervorzuheben oder auch abzugrenzen.
- Bei kreativen Überlegungen sollte man sich nicht allzu lange damit beschäftigen, an welcher Stelle die Mind Map ergänzt wird. Das unterbricht den freien Gedankenfluss, denn man kann ja schneller denken als schreiben. Umstellungen kann man später immer noch durchführen.

Einsatzmöglichkeiten der Mind Map

Grundsätzlich kann man sagen:

MIND MAPS SIND IMMER DANN NÜTZLICH, WENN ES DARUM GEHT IN RELATIV KURZER ZEIT SCHRIFTLICHE AUFZEICHNUNGEN ZU BESITZEN, KONZENTRIERT AUF DAS WESENTLICHE.

- Ein Vortrag kann mit Hilfe des Mind Mapping vorbereitet werden. Durch entsprechende Anordnungen oder farbliche Markierungen lassen sich einzelne Themenbereiche gut von einander abgrenzen. Hier ersetzt die Mind Map den klassischen Stichwortzettel. Wenn die Hörer den Vortrag dann wiederum mindmappen, haben sie schnell das Wesentliche vorliegen.

Typische Anwendungen: Vortragvorbereitung

- Bei Gruppenmeetings können die Hauptideen in einer großen Mind Map festgehalten werden. So hat jeder Teilnehmer jederzeit einen Überblick über den gesamten bisherigen Sitzungsverlauf. Da nur Schlüsselwörter aufgezeichnet werden, ist jeder der Teilnehmer gezwungen, seine Aussagen auf den Punkt zu bringen. Nicht zum Thema gehörende oder langatmige Ausführungen werden nicht berücksichtigt und damit überflüssig. Am Ende des Meetings steht so ein vollständiges Protokoll in Form einer Mind Map zur Verfügung.

Ideen aus dem Meeting festhalten

- Mind Maps eignen sich auch gut für persönliche Notizen, zum Beispiel beim Lesen von Artikeln oder Büchern, der Erstellung von To-Do-Listen und am Telefon. Ist der Inhalt von hoher Bedeutung, sollte eine Neuzeichnung der Mind Map vorgenommen werden, um den Inhalt in der am besten geeigneten Weise anzuordnen. So wiederholt man auch gleichzeitig die Inhalte und offene Fragen werden erkannt.

Persönliche Notizen, z.B. beim Lesen, To-Do-Listen erstellen u.a.

- Beim Lernen kann die Mind Mapping-Technik eine gute Methode sein, den Lehrstoff systematisch zu wiederholen.

Systematisches Wiederholen beim Lernen

Es mag noch als Information ergänzt werden, dass es auch Computerprogramme zur Mind Map-Technik gibt.

Tipp 70 Brainstorming ist nach wie vor eine gute und einfache Methode zur Ideenfindung

Brainstorming bedeutet kommentarloses Sammeln von spontanen Einfällen zum Lösen von Problemen und wurde von A. F. Osborn in den 30er-Jahren entwickelt.

Und so funktioniert das Brainstorming als formaler Rahmen, der kreatives Denken fördern soll:

Jede Brainstorming-Sitzung muss geplant und vorbereitet werden. Die Problemstellung darf nicht zu komplex sein, weil sonst die Assoziationen zu viele Aspekte enthalten und nicht auf das eigentliche Problem konzentriert werden. Wichtig für

Brainstorming immer vorbereiten

die Zusammenstellung der Teilnehmer ist die fachliche Heterogenität und die soziale Homogenität (Spannungen untereinander blockieren den kreativen Prozess). Die optimale Gruppenstärke liegt bei sechs bis zwölf Teilnehmern.

Wesentlich: spontane Äußerungen, keine Behinderung durch Kommentare

Das Wesentliche der Methode besteht darin, dass die Teilnehmer spontan Lösungsvorschläge für das gestellte Problem nennen, die dann für die Gruppe sichtbar notiert werden. Während der Phase der Ideenfindung ist jegliche Kritik und Bewertung von Vorschlägen verboten. Die Beiträge sollten möglichst kurz und prägnant formuliert sein. Der Zeitrahmen für die Ideenfindung sollten bei 15 bis 20 Minuten liegen. Die spontane Nennung von Einfällen und Vorschlägen führt zur gegenseitigen Anregung und Produktion neuer Ideen, wobei die Quantität der genannten Ideen entscheidend ist. JEDER Beitrag ist erwünscht und dient der Anregung der anderen. Der Phantasie sind keine Grenzen gesetzt, Humor ist erwünscht, Vernunft und Logik spielen dagegen keine Rolle.

Nach der Beendigung der kritiklosen Phase geht es darum, die Fülle der genannten Ideen zu ordnen und zu bewerten. Das kann im Anschluss an die Sitzung von den Teilnehmern gemacht werden oder auch später von einer ganz anderen Gruppe.

71 Querdenken mit der Osborn-Checkliste

Ebenfalls von Alexander Osborn stammt die Idee einer kreativen Lösungsfindung mit seiner Checkliste, die auf das jeweilige Problem oder die Fragestellung angewandt wird. Durch diese Methode erreicht man einen kontinuierlichen Perspektivenwechsel. Im Gegensatz zum Brainstorming eignet sich die Osborn-Checkliste auch hervorragend zur Einzelarbeit.

Kennzeichen: kontinuierlicher Perspektivenwechsel; Hilfsmittel ist die Checkliste

Die Methode ist sehr einfach:

- Das Problem wird benannt und möglichst schriftlich formuliert.
- Der Reihe nach werden die Fragen der Osborn-Checkliste auf das Problem bezogen und daraus Lösungen für das Problem entwickelt.
- Nicht alle Fragen müssen unbedingt beantwortet werden, wenn von den Teilnehmern keine neuen Einfälle mehr kommen, wird zur nächsten Frage übergegangen.

PRAXIS

Osborn-Checkliste

Was ist ähnlich?

Gleiche Funktion? Ähnliches Aussehen? Ähnliches Material? Welche Parallelen lassen sich ziehen?

Welche anderen Anwendungsmöglichkeiten?

Neue Anwendungsmöglichkeiten? Für andere Personen? Andere Anwendungsmöglichkeiten durch Veränderung des Objektes?

Anpassen?

Wem ähnelt es? Welche anderen Ideen suggeriert es? Gibt es in der Vergangenheit Parallelbeispiele? Was könnte man davon übernehmen? Was könnte man zum Vorbild nehmen?

Verändern?

Ihm eine neue Form geben? Den Zweck ändern? Die Farbe, die Bewegung, den Ton, den Geruch, das Aussehen verändern? Sind weitere Änderungen denkbar?

Vergrößern?

Was kann man hinzufügen? Soll man mehr Zeit darauf verwenden? Die Frequenz erhöhen? Es widerstandsfähiger machen? Größer? Länger? Schwerer? Dicker? Ihm einen zusätzlichen Wert geben? Die Anzahl der Bestandteile vergrößern? Es verdoppeln? Es vervielfachen? Es übertreiben? Teurer machen?

Verkleinern?

Was ist daran entbehrlich? Kann man es kleiner machen? Kompakter? En miniature? Niedriger? Kürzer? Flacher? Aerodynamischer? Leichter? Kann man es in Einzelteile zerlegen?

Ersetzen?

Wen oder was könnte man an seine Stelle setzen? Welche anderen Bestandteile sind möglich? Welche anderen Materialien, Herstellungsprozesse, Energiequellen, Standorte? Welche anderen Lösungsmöglichkeiten? Welchen anderen Ton? Umformen?

Die Bestandteile neu gruppieren? Neue Modelle entwickeln? Die Reihenfolge verändern? Ursache und Wirkung vertauschen? Die Geschwindigkeit verändern?

Ins Gegenteil verkehren?

Das Positiv statt des Negativs nehmen? Das Gegenteil erreichen? Das Untere nach oben bringen? Die Rollen vertauschen? Die Position der Personen ändern? Die Reihenfolge des Ablaufes neu ordnen?

Kombinieren?

Mit einer Mischung versuchen? Einen Verbund machen? Eine Auswahl? Neu gruppieren? Mehrere Objekte zu einem verbinden? Mehrere Anwendungsbereiche für einen? Mehr Ziele? Weniger Ziele?

Tipp 72 Richten Sie „Gedanken-Kästchen" ein: Schatztruhe, Sorgenkiste, Notfallkoffer!

Die Schatztruhe

Gedanken kommen und gehen und manchmal kommt uns unvermittelt ein richtig guter Gedanke, eine Blitzidee wie aus heiterem Himmel, ausgelöst durch etwas, das wir über einen unserer Sinneskanäle wahrgenommen haben. Dummerweise sitzen wir gerade an einer wichtigen Arbeit oder müssen zu einer dringenden Besprechung mit Kollegen. Wir nehmen uns vor, den Gedanken später weiterzuverfolgen, aber später kommt wieder etwas dazwischen und wenn wir uns dann erinnern, dass wir einen guten Gedanken hatten, ist er weg, verblasst, hat an Klarheit verloren, ist es nicht mehr wert, darüber nachzudenken. Schade.

Ideen immer rasch festhalten und dazu einfache Mittel nutzen

Um solchen Gedankenverlusten vorzubeugen, ist es hilfreich, eine kleine „Schatztruhe" im Büro zu platzieren. In diesem Kästchen landet der Gedanke als Stichwort auf einem kleinen Zettel notiert in dem Moment, wo er uns kommt. Das Aufschreiben des Stichworts dauert nur wenige Sekunden, ab in die Schatztruhe und schon können wir beruhigt weiterarbeiten und sicher sein, dass der Gedanke Bestand hat und wir uns in aller Ruhe darum kümmern können, wenn wir Zeit haben. Mir kommen solche Gedanken oft während des Autofahrens und da ich kein Diktaphon habe, um den Gedanken gleich aufzusprechen, habe ich am Armaturenbrett einen Miniaturnotizblock befestigt, an dem ein Stift verankert ist (sonst hätte ich ihn sehr schnell „verklüngelt"), sodass ich das Stichwort festhalten, den Zettel nach der Fahrt abreißen und in die Schatztruhe stecken kann.

Die Sorgenkiste

Ärger platzieren zu können verhindert, dass er uns blockiert

Wir haben uns geärgert – über den schlechten Informationsfluss im Unternehmen, das Verhalten eines Kollegen, darüber, dass der Vorgesetzte uns dem Kunden gegenüber in den Rücken gefallen ist. Es gibt aber keine Gelegenheit, unserem Ärger sofort Luft zu machen. Wahrscheinlich wäre es auch nicht einmal klug, denn noch wäre unsere Reaktion unangemessen emotional. So lassen uns die Ärger-Gedanken aber nicht los, kreisen immer wieder in unserem Kopf, schlagen Wellen und blockieren uns in dem, was wir gerade tun.

Wir können uns sehr leicht entlasten, wenn wir den Grund des Ärgers als Stichwort auf einen Zettel schreiben und in die „Sorgenkiste" werfen. Dann ist der Gedanke aus dem Kopf, bleibt uns aber erhalten. Am Ende der Woche wird die Sorgenkiste geleert, die Zettel werden durchgesehen und wir entscheiden, welcher Ärger längst verraucht ist oder wo die Situation schon geklärt ist (in diesem Fall landet der Zettel sofort im Papierkorb) und wo wir noch Gesprächs- oder Klärungsbedarf haben. Dort vereinbaren wir mit dem betreffenden Kollegen einen Termin und sind dann aber in der Lage, aus dem Abstand heraus, wesentlicher sachlicher über den Grund des Ärgers oder der Sorge zu reden.

Ein einfacher Verfahrensvorschlag: die Sorgenkiste

Eine solche Sorgen- oder Ärgerkiste kann auch mit dem Vorgesetzten gemeinsam genutzt werden, das heißt, wir werfen beide unsere Ärgergedanken hinein und gehen alle Zettel zu einem festgelegten Termin in der Woche gemeinsam durch. Neben einer effizienten Abarbeitung des Ärgers und der entsprechenden gemeinsamen Lösungsfindung stärkt eine solche Vorgehensweise auch das Wir-Gefühl. Gerade Menschen, die häufig emotional (über-)reagieren, schaffen es damit, ihre (negativen) Gedanken zu kanalisieren.

Der Notfallkoffer

Wir unterliegen alle Schwankungen in der Tagesform. Es gibt Tage, da fühlen wir uns stark und selbstbewusst und solche, an denen wir uns selbst und unsere Leistungsfähigkeit in Frage stellen. Kein Wunder, wenn an solchen Tagen gemäß der sich selbst erfüllenden Prophezeiung nichts so richtig klappen will und wir uns dann auch noch von unserer Umwelt die Bestätigung einholen: *„Siehst du, du bist ja unfähig."* Solche Tage kommen oft völlig überraschend und deshalb ist es günstig, in guten Zeiten Vorsorge zu treffen.

Jeder kennt Tage mit Leistungs- und Stimmungstiefs …

Protokollieren Sie auf kleinen Zetteln stichwortartig Ihre Erfolge, notieren Sie sich gute Gedanken über sich selbst („Du arbeitest ja wirklich effektiv, Meyer."), halten Sie ein Lob, über das Sie sich gefreut haben, kurz schriftlich fest. Hilfreich sind auch so genannte Autosuggestionen, Sätze, die durch ihre positive, kraftvolle Ausdrucksweise die Stimmung aufpolieren, wenn wir sie häufig (und sei es in Gedanken) sprechen. Solche Sätze können sein: *„Ich bin glücklich und erfolgreich", „Ich habe mein Glück selbst in der Hand", „Ich fühle mich in meinem*

… umso wichtiger ist, auch Positives festzuhalten und mit Autosuggestionen gegenzusteuern

Job von Tag zu Tag wohler und sicherer". Wichtig ist, dass sie in der Ich-Form, also auf uns selbst bezogen, formuliert sind.

Schreiben Sie sich solche Autosuggestionen auf, wenn es Ihnen gut geht, denn Sie wollen uns an schlechten Tagen partout nicht einfallen. Stecken Sie die Zettel mit den guten Gedanken in Ihren Notfallkoffer, damit Sie darauf zurückgreifen können, wenn wieder einmal nichts mehr geht.

Hilfreich für mich ist auch ein kleines Kartenkästchen der Schriftstellerin Louise Hay (Titel „Körper und Seele", Heyne). Man zieht aus einer Auswahl schön gestalteter Karten täglich eine und stellt damit den Tag unter ein positives Motto. Meine Erfahrung: Auch wenn man es mehr als Spiel betrachtet, verfehlen die Aussagen dennoch ihre Wirkung nicht. Eine Karte kann zum Beispiel lauten: *„Mein Leben ändert sich zum Besseren".* Dann dreht man die Karte um und liest dort: *„Ich entfalte jetzt alle meine Gaben und Talente. Ich bringe nun Gesundheit, Glück, Wohlstand und inneren Frieden zum Ausdruck."* Auch wenn wir gerade nicht „gut drauf sind" und denken *„Was für ein Blödsinn",* beeinflusst die Karte die Stimmung doch. Und wenn wir nur darüber lachen, auch gut! Heute Morgen habe ich die Karte gezogen: *„Neue Türen öffnen sich mir".* Prima, ich werde besonders aufmerksam durch den Tag gehen, damit ich die neuen Türen auch sehe. Ich erwarte schon jetzt positive Entwicklungen und aufgestanden bin ich eigentlich mit dem linken Bein. Vielleicht hilft die Methode auch Ihnen?

Tipp 73 Sich bei Denkblockaden nicht „festfressen", sondern Bewegung hineinbringen

Denkblockaden verhindern effizientes Arbeiten, wir drehen uns im Kreis und von lösungsorientiertem, geschweige denn kreativem Denken und Handeln kann nicht die Rede sein. Die Gründe dafür sind vielfältig, aber zwei betreffen uns alle am häufigsten:

Wir haben uns in einen Gedanken verrannt und kommen aus diesem Kreislauf nicht wieder heraus oder wir sind einfach überarbeitet (oder nach einer feucht-fröhlichen Party übernächtigt) und unser Gehirn will einfach nicht in Schwung kommen.

Bewegung ist immer eine Möglichkeit, die Gedanken aus ihrer Verankerung zu lösen. Das kann die Runde um den Block

Tipp
74

sein oder einfach nur der dynamische Gang in die Kaffeeküche (Sie können, wenn Sie sich trauen, auch ein Buch auf dem Kopf balancierend zur Toilette gehen), bloß weg vom Schreibtisch und dem Vorgang, der gerade nicht so richtig gedeihen will. Sie kennen es wahrscheinlich auch: Sie erzählen einem Kollegen von einem guten Film und wollen ihm den Hauptdarsteller nennen, aber der Name fällt Ihnen partout nicht ein. Je angestrengter Sie darüber nachdenken, desto mehr verweigert sich Ihr Gedächtnis. Viel später, wenn Sie den Namen schon längst nicht mehr brauchen, fällt er Ihnen ganz spontan ein. „Loslassen" ist hier das Zauberwort für die Gedankenblockade. Ums Loslassen geht es auch bei der nächsten Technik, mit der Sie sich von einem festgefahrenen Gedanken verabschieden.

Loslassen ist das beste bei Denkblockaden – dabei hilft eine kleine Pause

Tipp 74 Nieder mit den (uneinlösbaren) Erwartungen!

Ein Problem kreist in unserem Kopf, häufig mit dem Verhalten eines (oder mehrerer) anderer Menschen oder einem Zustand verbunden, den wir meinen, selbst nicht beeinflussen zu können. Wir haben etwas Bestimmtes erwartet und sind enttäuscht oder auch verärgert, dass diese (für uns selbstverständlichen) Erwartungen nicht erfüllt worden sind. Oft ist es wirklich so, dass wir den Zustand nicht unmittelbar verändern können, was wir aber verändern können, ist unser Umgang damit und schon lösen wir die bestehende Blockade. Die folgende Vorgehensweise hilft, uns von dem Thema, das uns gerade so unbefriedigend beschäftigt, zu verabschieden.

Wo sich Tatbestände nicht verändern lassen, kann es helfen die Erwartung zu verändern

Beantworten Sie zunächst die folgenden Fragen so knapp und so konkret wie möglich:
* wer tut
* was, das ein Problem darstellt
* wem und
* auf welche Weise ist dieses Verhalten für mich ein Problem?

Ein Beispiel

Der Kollege Schulz hat Ihnen, nach mehreren Nachfragen und nicht eingehaltenen Terminen, fest zugesagt, dass er Ihnen seine Themen für die nächste Vorstandssitzung bis 12.00 Uhr durchgeben wolle. Es ist jetzt bereits 14.00 Uhr und Sie warten immer noch. Sein Handy ist aus und Ihnen läuft die Zeit weg, weil Ihr Vorgesetzter die Agenda um 15.00 Uhr haben will. Sie ärgern sich über die Unzuverlässigkeit des Kollegen, weil Sie selbst Ihrem Vorgesetzten gegenüber verlässlich sein möchten. So kann man doch nicht arbeiten! Offensichtlich doch ...

Nach unserem Muster zerlegt, sieht der Fall folgendermaßen aus:

- WER? – Herr Schulz;
- WAS? – gibt seine Themen nicht rechtzeitig ab;
- WEM? – mir, ich bin für die rechtzeitige Abgabe zuständig.

Und jetzt heißt es aufpassen, denn das Problem ist manchmal subtiler als wir beim ersten Hingucken denken. Ist es wirklich das Problem, dass er unzuverlässig ist? Ist es das Problem, dass wir aufgrund seines Verhaltens nicht zuverlässig sein können? Warum möchten wir denn zuverlässig sein? Sicher, weil das zu unserem Job gehört (aber wir verlieren aufgrund einer solchen Panne nicht gleich unseren Job), aber auch weil wir einen guten Eindruck machen wollen.

- AUF WELCHE WEISE ist das Verhalten des Kollegen Schulz also ein Problem?
  → Ich mache durch eine verspätete Abgabe keinen guten Eindruck.

Und jetzt schauen Sie sich einmal an, welche ERWARTUNG sich dahinter verbirgt. In diesem Fall gleich zwei, nämlich:

- die an den Kollegen: „Der Schulz soll zuverlässig sein" und
- die an mich selbst: „Ich möchte zuverlässig sein um einen guten Eindruck zu machen".

Beeinflussen können wir den unbefriedigenden Zustand nicht (Handy ist ja aus und wir können nur warten), aber wir können unsere Erwartung verändern und damit den Druck aus der Situation herausnehmen. Eine Erwartung zu verändern, geht sehr leicht, wenn wir sie ins Gegenteil verkehren, indem wir aus positiv formulierten Sätzen (wie im vorliegenden Fall) das Wort „NICHT" ergänzen oder in negativ formulierten Sätzen das „NICHT" streichen. Wir haben hier also gleich zwei Ansatzmöglichkeiten zur Umformulierung.

Bei der Erwartung an den Kollegen: *Der Schulz wird NICHT zuverlässig sein.*

Damit kommen wir aus der Warteschleife heraus, fühlen uns nicht mehr als Opfer der Situation, lassen das Problem gleichsam los, denn unsere Erwartung wird ja voll und ganz erfüllt. Wir schreiben die Agenda ohne die Themen von Herrn Schulz. Ein denkbarer Satz könnte sein: „Herr Schulz: diesmal ohne konkrete Themenwünsche." Damit haben Sie getan, was Ihnen möglich ist.

Bei der Erwartung an sich selbst: Ich möchte/brauche (gar) nicht zuverlässig sein und keinen guten Eindruck machen.

Warum ist es denn so wichtig, immer einen guten Eindruck zu machen? Weiß Ihr Chef nicht, dass Sie grundsätzlich Ihr Bestes geben? Warum nicht einmal Ihren Perfektionismus über Bord werfen und es sich zugestehen, auch einmal keinen guten Eindruck zu machen? Was passiert, wenn Sie die Agenda nicht um 15.00 Uhr abgeben können? Sie könnten Ihrem Chef ja auch sagen, woran es liegt und ihn fragen, ob er warten oder die Agenda unvollständig haben möchte. Und wenn er sagt: *„Warum haben Sie dem Schulz nicht auf die Füße getreten?"*, dann antworten Sie: *„Sie können sicher sein, dass ich mein Bestes gegeben habe, an dieser Stelle möchte ich die Verantwortung abgeben."*

Sie sehen, dass Problem ist damit nicht gelöst, aber Sie gewinnen durch Ihre veränderte Erwartungshaltung Ruhe, lassen den Ärger los und sind nicht mehr blockiert in Ihrem Denken und Handeln. Mit ein bisschen Übung lässt sich diese Vorgehensweise auf jedes Problem anwenden. Wichtig ist nur, dass Sie die Frage: „Auf welche Weise ist dieses Verhalten ein Problem?", sauber beantworten und bei der Frage nach Ihrer Erwartung ehrlich sich selbst gegenüber sind.

Tipp 75 Gehirnaktivierung hilft gegen Konzentrationsschwäche

Bei einer Konzentrationsschwäche durch Übermüdung oder Überlastung bringen wir das Gehirn am schnellsten wieder auf Trab, wenn wir beide Gehirnhälften aktivieren.

Das geht sehr leicht, wenn wir ein paar Bewegungen über Kreuz machen, also zum Beispiel den rechten Arm nach vorne strecken und gleichzeitig das linke Bein nach hinten, dann den linken Arm nach vorn und das rechte Bein nach hinten, und das ein paarmal hintereinander.

Beide Gehirnhälften aktivieren

Wenn wir dazu aufgrund der räumlichen Situation (oder weil es zu viele Zuschauer gibt) nicht in der Lage sind, hilft auch Folgendes:

Übung

Malen Sie die hier stehenden Hieroglyphen ab. Schauen Sie nur auf die Zeichen und nicht auf Ihr Schreib-/Malpapier – es geht darum, blind zu malen. Wahrscheinlich werden Sie erstaunt sein, wie gut das Ergebnis ist.

ل ص ز گ خ ي ب ٥گ ع گ ا ب٧ص ت چ ۶ گ ع ت ز

Denken Sie sich dann ein beliebiges Alltagswort aus und schreiben Sie alle Assoziationen auf, die Ihnen dazu einfallen, zum Beispiel:

Sommer: Sonne, Urlaub, Reisen, Meer, Grillen, Baden, gute Laune, Luftmatratze, Segeln, Angeln, Blumen, blauer Himmel, Gewitter, Eis, leichte Kleider, Schwitzen, Sonnenbrand, Sonnencreme, Strandpromenade, Berge usw.

Schreiben Sie nur so lange weiter, wie die Assoziationen ohne nachzudenken fließen. Wenn Sie danach noch einen Moment Ihre Ohrläppchen zwischen Daumen und Zeigefinger reiben bis sie leicht glühen, sollte es mit der Konzentration wieder besser gehen.

Übungen helfen begrenzt – im Extremfall kann man sich nur vertagen

Und wenn alles nicht hilft: Morgen ist auch noch ein Tag! Wenn Sie nicht im absoluten Termindruck sind, machen Sie lieber etwas anderes, wie z.B. Routinearbeiten, die auch weggeschafft werden müssen, aber keine so hohe Konzentration erfordern.

PRAXIS

Plan zur Umsetzung

Was war mir in diesem Kapitel wichtig?

....

....

Wie sieht meine persönliche Büroorganisation verglichen mit dem Gelesenen aus?

....

....

Was möchte ich verändern?

....

a) noch heute?

....

....

b) innerhalb der nächsten 72 Stunden?

....

....

Was brauche ich dazu (besorgen, kaufen, bestellen, leihen ...)?

....

Wen werde ich (wie? – eben im Vorbeigehen oder als Aktennotiz ...) über die geplanten Veränderungen informieren?

....

....

Was habe ich tatsächlich innerhalb der geplanten Zeit umgesetzt?

....

....

Meine Belohnung dafür sieht folgendermaßen aus:

....

....

H   Kommunikation in Ordnung

Kommunikation und Information sind zwei wesentliche Bestandteile unseres Lebens. Im Hinblick auf unseren zu organi-
sierenden Büroalltag spielen diese beiden Bereiche eine große
Rolle, sind Chance und Gefahr zugleich. Durch Kommunikation
findet Verständigung statt, durch sie entstehen Missverständnisse und Konflikte. Schauen wir uns zum Einstieg einmal den
Unterschied zwischen Information und Kommunikation statt.

*Von „Information" sprechen wir, wenn Meinungen,
Einschätzungen, Stellungnahmen, Zahlen, Daten und
Fakten zu einem bestimmten Zweck mitgeteilt wer-
den.*

Eine Information oder auch Nachricht soll das Unbekannte erklären oder Ungewissheit reduzieren. Eine Information besteht aus einer bestimmten Abfolge von Buchstaben oder Zeichen oder auch aus körpersprachlichen Signalen wie Gestik
Informationen sind oder Kopfnicken. Eine Information ist zunächst einmal eine
einseitig und können einseitige Information dessen, der informiert, eine Reaktion
falsch sein ist nicht unbedingt erforderlich. Eine Information kann falsch
oder unvollständig sein, solange aber keine Reaktion des oder
der Empfänger erfolgt, bleibt sie als richtige Information bestehen.

Im Unterschied zur Information braucht man zum Zustan-
dekommen von Kommunikation mindestens zwei Partner, einen Sender, von dem die Botschaft ausgeht und einen Empfänger, bei dem die Botschaft ankommt. Also:

Kommunikation ist ein Informationsaustausch.

Kommunikation ist zwei- Eine Kommunikation ist dummerweise durch viele Faktoren
seitig, aber störanfällig störanfällig, auf einen einfachen Nenner gebracht dadurch,
dass mit Kommunikation Emotionen verbunden sind. Zum Bei-
spiel kann eine vom Sender übermittelte Nachricht sich positiv
oder negativ auf das Gefühl des Empfängers auswirken. Das
kann durch ein unterschiedliches Verständnis eines Wortes,
durch Mimik, Gestik oder den Tonfall geschehen.

Missverständnisse in der Kommunikation sind an der Tagesordnung und das Ausräumen eines Missverständnisses nimmt oft mehr Zeit in Anspruch als der eigentliche Kommunikationsaustausch. Deshalb ist es günstig, wenn wir uns beim Kommunizieren immer daran erinnern:

Missverständnisse sind an der Tagesordnung

> *GESAGT IST NOCH NICHT GEHÖRT.*
> *GEHÖRT IST NOCH NICHT VERSTANDEN.*
> *VERSTANDEN IST NOCH NICHT BEGRIFFEN.*
> *BEGRIFFEN IST NOCH NICHT EINVERSTANDEN.*
> *EINVERSTANDEN IST NOCH NICHT AUSGEFÜHRT.*

Wiederum gleichermaßen erleichtert und erschwert wird unsere Kommunikation heute durch die Vielzahl der Kommunikationsmedien, die – angeregt durch unser Bedürfnis nach Austausch, Anerkennung und Absicherung – auch reichlich genutzt werden. Wie oft schließen wir abends unser Büro mit dem Gedanken: *„Was hast du heute eigentlich so ganz genau gemacht?"* Wenn sich dieses Empfinden einschleicht, dann haben wir meist viel kommuniziert, nicht immer effizient.

Ziel ist effizient zu kommunizieren

> *IM ERSTEN SCHRITT GEHT ES UNS ALSO DARUM, DEN „RICHTIGEN" UMGANG MIT DEN KOMMUNIKATIONSMEDIEN ZU FINDEN, UM IN DER FLUT AUS INFORMATION UND KOMMUNIKATION NICHT AUF DAUER UNTERZUGEHEN.*

Die wichtigsten Informations- und Kommunikationskanäle im beruflichen Umfeld sind heute:

Wichtigste Kommunikationsmedien im Büro

- E-Mails,
- Internet,
- Briefe,
- Meetings und Konferenzen,
- Telefon,
- Handy,
- das persönliche Gespräch.

Darauf beziehen sich die Tipps dieses Kapitels und das in einem Buch über Organisation und den Arbeitsplatz „Office" zwangsläufig nur grundlegend. Jedes einzelne Medium ist es, je nach Gebrauch bei Ihnen, natürlich wert, als eigenständiges Thema durch weitere Lektüre, Trainings o.a. vertieft zu werden.

Tipp 76 Der richtige Umgang mit E-Mails

E-Mails sind sicher eine der fantastischsten Errungenschaften der Kommunikationsmedien, die uns in den letzen Jahren beschert wurden. Aber wie überall liegen auch hier Chance und Gefahr sehr eng beieinander. Bereits durch das Telefon konnten wir schnell und unkompliziert miteinander in Kontakt treten, aber der Austausch von Informationen „Schwarz auf Weiß" mit der Möglichkeit der Reaktion, ohne den Arbeitsplatz zu verlassen, war vor der Zeit der elektronischen Mails nicht möglich. Für viele Menschen ist es inzwischen ein Hochgenuss, morgens neben den geschäftlichen Mails eben mal den Spruch des Tages von Kollegin Schulz und einen schlüpfrigen Witz von Kollege Maier zu lesen. Wenn ein Kollege einen so nett in den Tag schickt, muss man natürlich schnell reagieren und ihm auch eben mal einen kleinen Limerick schicken oder sich wenigstens bedanken. Die erste halbe Stunde des Arbeitstages geht darüber leicht mal ins Land. Vor dem E-Mail-Zeitalter wurden Witze noch von Angesicht zu Angesicht erzählt, mittags in der Kantine ... Vielen Menschen fällt es allerdings leichter, etwas zu schreiben, ohne dem anderen dabei in die Augen zu sehen. Was man aber nicht sagen kann, das braucht man auch nicht zu schreiben.

Mails verführen dazu, Unwichtiges zu kommunizieren, Zeit zu verschwenden

„*Haben Sie die Unterlagen für unser Meeting heute Nachmittag fertig?*" ist eine Mail, die keine Mail wert ist und schneller durch ein In-die-Hand-nehmen des Telefonhörers geklärt werden könnte. Solche E-Mails werden aber täglich zuhauf verschickt und deshalb ist es kein Wunder, dass viele von uns mit E-Mails geradezu überschüttet werden. Deren Bearbeitung kostet Zeit, viel Zeit und deshalb lohnt es, ein paar grundsätzliche Überlegungen zum E-Mail-Verkehr anzustellen.

Belanglose Mails werden verschickt und das Medium gewählt, auch wo es nicht optimal ist

Grundsätze für E-Mails

1. Bleiben Sie auch beim Schreiben von E-Mails bei Ihren Kernkompetenzen und lassen sich nicht verführen, schnell mal eben zu schreiben (macht ja kaum Arbeit ...!), wo es eigentlich nicht Ihre Aufgabe sein müsste?

Nur relevante Mails verschicken

2. Ist es wirklich nötig, riesige Dateianhänge zu verschicken, wenn wir dem Kollegen unser Script auch zur Ansicht ins Fach legen könnten oder der Kunde das Angebot einen Tag später ohnehin per Post erhält?

Dateianhänge nur an wirklich Betroffene

3. Ist die CC-Funktion als Arbeitsverhinderungsinstrument wirklich in jedem Fall nötig? Überlegen Sie vorher gut, ob der Kollege die Kopie tatsächlich braucht oder sie nur Ihrem Wunsch nach Absicherung Rechnung trägt?

CCs sinnvoll eingrenzen

4. Sind Sie sparsam beim Versenden von privaten Mails an die lieben Kollegen? Fragen Sie sich vorher immer, wen welche private Information („Wir werden heiraten!") auch tatsächlich interessiert? (Nur am Rande: Wer nicht sein eigener Herr, sondern angestellt ist, muss für private Mails den Kodex des Arbeitgebers beachten; es ist nicht selbstverständliches Recht, am Arbeisplatz auch privat mailen zu dürfen.)

Private Mails reduzieren

5. Verzichten Sie auf eine Antwort, wenn Sie nicht der direkte Adressat sind und „nur" im Verteiler stehen?

Als indirekter Adressat nicht antworten

6. Haben Sie für sich selbst Standards bei der Beantwortung von Mails:
   • sofort antworten, löschen,
   • sofort antworten, speichern,
   • sofort antworten und zur Wiedervorlage drucken bzw. in Ordner AUFGABEN oder KALENDER verschieben,
   • speichern, später antworten,
   • zur Wiedervorlage drucken, später antworten?

Standards zur effizienten Beantwortung entwickeln

7. Erlegen Sie sich selbst die Disziplin auf, E-Mails nur zu genau festgelegten Zeiten am Tag zu lesen und nicht bei jedem Erscheinen des „Briefkastens" oder jeder „Sie-haben-Post"-Ansage alles stehen und liegen zu lassen?

Feste E-Mail-Bearbei-tungszeiten einrichten

In den Anfängen der E-Mail-Zeit waren Mails nicht als Briefersatz gedacht und in Sprache und Stil sollten sie sich deutlich von unserer Korrespondenz unterscheiden: kürzer, prägnanter, Verzicht auf Höflichkeitsfloskeln. Um uns die Möglichkeit zu geben, dennoch Emotionen in E-Mails unterzubringen und zum Beispiel ein kurzes Statement nicht scharf klingen zu lassen, wurden uns die so genannten Emoticons (von emotion = Gefühl und icon = Zeichen) und Akronyme (E-Mail-Shorthands) zur Verfügung gestellt. Gut gemeint, aber durchgesetzt hat sich diese Art des E-Mail-Schreibens nicht. E-Mails unterscheiden sich heute tatsächlich kaum noch von unseren Geschäftsbriefen und die netten Smileys werden fast ausschließlich im privaten E-Mail-Verkehr genutzt. Hier noch einmal die gebräuchlichsten Emoticons und Akronyme:

In kurzen E-Mails kann man Emotionen durch die Emoticons ausdrücken

DIE „KÜRZEL" IM E-MAIL-VERKEHR AUF EINEN BLICK

Emoticons:		**Akronyme:**	
:-)	Gut, gut gemacht, toll, gut gelaunt	ASAP	as soon as possible (so bald wie möglich)
:-))	Starke Leistung, super, freu mich riesig		
:-(	schlecht, schlecht gemacht, schlechte Laune, ich bedaure	AFAIK	as far as I know (so viel ich weiß)
:'-(	zum Heulen, zum Verzweifeln, bin traurig	OTOH	on the other hand (andererseits)
;-)	Nimm nicht so ernst, was ich gesagt habe		
.-)	Das sollten wir im Auge behalten		(Mehr zu Emoticons und Akronymen finden Sie unter: www.netlingo.com)
:-o	Ich bin entsetzt, sprachlos, schockiert		
:-/	Ich bin unentschlossen		

Tipp 77 Der Versuchung (im) Netz widerstehen

Das Internet: das ideale Medium, um im Jahr zehn Kilogramm zuzunehmen, denn im Grunde brauchen wir unseren Internet-Arbeitsplatz nur noch verlassen zum Essen holen, dem Gang zur Toilette, allerdings nicht zwingend ;-) und zum Schlafen – auch nicht unbedingt, allerdings kam heute die Meldung vom Tod eines PC-Freaks durch tagelanges Computerspielen ;-). Das Internet bietet uns alle Möglichkeiten, von Einkauf über Informationsbeschaffung bis Partnervermittlung und die Gefahr, der Verführung durch das Internet zu erliegen, wird durch ein ständig wachsendes Angebot, Anonymität und Unverfänglichkeit immer größer. Das Internet – Fluch und Segen ...

Das Internet ist ein exzellentes Recherchemedium, verführt aber zur exzessiven Nutzung

Zur Recherche ist das Internet ganz sicher eine der besten Erfindungen seit der Glühbirne, aber die Zeit fließt einem beim Surfen nur so durch die Finger. Deshalb:

SETZEN SIE SICH EIN TÄGLICHES INTERNET-LIMIT.

Surfzeiten an den Biorhythmus anpassen, mit Selbstbegrenzung

Zum Surfen sollten Sie die Zeit nach dem Mittagessen oder frühabends wählen, da ihr Biorhythmus (siehe ▶ TIPP 60) dann auf dem niedrigsten Niveau ist und die Recherche im Netz keine hohe Konzentration erfordert. Wenn dieses Limit erreicht ist, klinken Sie sich aus! Wenn Sie das nicht schaffen, dann gehören Sie vielleicht schon zu den Internet-Süchtigen, die immer später nach Hause kommen, weil sie so viel zu tun haben ... Wir sollten anstreben, nicht erst lange suchen zu müssen und die gesuchte Information zügig zu erhalten. Dazu geben Sie den Suchbegriff (so detailliert wie möglich) ein. Je eingegrenzter Ihre Vorgabe ist, desto kleiner das Angebot, desto größer die Chance das gewünschte Ergebnis zu erzielen.

Die gebräuchlichsten Suchmaschinen und Kataloge sind:
www.AltaVista.de
www.Lycos.de
www.fireball.de
www.google.de

Suchmöglichkeiten
im Überblick

Sie können auch Metasuchmaschinen, die die gängigsten Suchmaschinen und Kataloge abfragen, benutzen. Darüber erhalten Sie eine gute Auswahl zu Ihrem gesuchten Thema.
www.MetaCrawler.de
www.MetaGer.de

Suchen Sie nach einem ganz bestimmten Thema oder Sachgebiet, haben Sie die Möglichkeit auf Kataloge zuzugreifen. Im Vergleich zu den Suchmaschinen bieten sie Ihnen eine handverlesene Auswahl von Sites aus dem www.
www.WEB.de
www.Yahoo.de

Tipp 78 Schreiben und lesen Sie Briefe zielorientiert!

Die meisten von uns sind heute in der Lage, sehr schnell zu erkennen, welcher Brief lesenswert ist und welcher gleich im (neuen, schönen?!) Papierkorb landet und durch die E-Mails scheint sich die Flut eingehender Briefe etwas verringert zu haben. Schade, denn Geschäftsbriefe sind und bleiben eine gute Möglichkeit, das Unternehmensbild zu prägen. Dazu müssen sie formal korrekt, inhaltlich präzise und fehlerlos geschrieben sein, aber darüber hinaus ist es genauso wichtig, dass sie freundlich und kundenorientiert formuliert sind. Für das empfänger- oder kundenorientierte Schreiben eines Briefes gibt es ein paar einfache Regeln:

PRAXIS

Zehn Regeln für Briefe

1. Verzichten Sie auf Eingangsfloskeln, setzen Sie stattdessen den Empfänger von Beginn an in den Mittelpunkt.

Also nicht:	Sondern:
„Wir danken Ihnen für Ihren Anruf vom 8. August, in dem Sie uns um Zusendung von Informationsmaterial baten, das wir Ihnen heute als Anlage zusenden."	„Sie baten uns, Ihnen Informationsmaterial zu senden, diesem Wunsch entsprechen wir heute gerne."

2. Drücken Sie sich lebendig aus, Lebendigkeit entsteht nicht über eine Aneinanderreihung von Substantiven, Fremdwörtern und Fachbegriffen, sondern über den Gebrauch von Verben und Adjektiven.

Also nicht:	Sondern:
„In Beantwortung Ihres Schreibens, in dem Sie Kritik an der letzte Woche zum Erhalt gelangten Lieferung übten, sind wir der Ansicht, dass die Reklamation nicht berechtigt ist, weil ...",	„Sie haben die Lieferung der letzten Woche reklamiert und uns tut es Leid, dass es dazu gekommen ist. Berechtigterweise möchten Sie wissen, wie wir darüber denken. Nun, so sehr wir Sie zufrieden stellen möchten, können wir Ihrer Reklamation in diesem Fall nicht uneingeschränkt zustimmen, weil ..."

3. Sprechen Sie eine einfache klare Sprache, kein aufgeblähtes Schriftdeutsch.

4. Vermeiden Sie auch in der Mitte des Briefes Floskeln, denn Floskeln sind Redehülsen, die es oft schwierig machen, eindeutig die Kernaussage herauszufiltern.

   Anstelle der gut gemeinten Floskeln, die höflich sein sollen, verwenden Sie Worte die Freundlichkeit signalisieren, zum Beispiel: „Bitte, dankeschön, sehr gerne, es tut uns wirklich leid ..., wir freuen uns sehr ...".

5. Lockern Sie durch direkte (nicht indirekte Fragen) auf.

Also nicht:	Sondern:
„Wir möchten Sie heute nach Ihrer Meinung zu unserem Angebot fragen ..."	„Was halten Sie von unserem Angebot?"

6. Drücken Sie sich, wo immer möglich, positiv aus.

Also nicht:	Sondern:
„Unser Spediteur kann noch keine verbindliche Aussage machen, wann der Pass wieder freigegeben wird, deshalb können wir Ihnen noch keinen endgültigen Bescheid zum voraussichtlichen Liefertermin geben."	„Sobald unser Spediteur uns informiert hat, wann der Pass wieder freigegeben wird, werden wir Ihnen den verbindlichen Liefertermin nennen."

7. Vermeiden Sie das Passiv, denn dadurch entstehen Anonymität und Distanz.

Also nicht:	Sondern :
„Sie wurden bereits mehrfach darüber informiert, dass ..."	„Wir haben Ihnen in unseren letzten beiden Schreiben erklärt, dass ..."

8. Schreiben Sie zielorientiert! Durch unklare Formulierungen entstehen Missverständnisse.

Ungünstig:	Besser ist:
„Könnten Sie versuchen, den Schaden in den nächsten Tagen zu beheben?"	„Wir verlassen uns darauf, dass Sie den Schaden bis 31. August 20.. behoben haben."

9. Schreiben Sie nicht in langen schwer verständlichen Schachtelsätzen, sondern formulieren Sie „auf den Punkt". Wichtiger als Ihr rhetorisches Geschick unter Beweis zu stellen ist es, dem Empfänger das Verständnis des Briefes so leicht wie möglich zu machen.

10. Fassen Sie sich kurz. Früher war man der Meinung, ein guter Brief müsse mindestens aus drei Absätzen bestehen, das ist heute, wo immer mehr Arbeit auf immer weniger Schultern verteilt wird, nicht mehr zeitgemäß.

Sie brauchen Briefe nicht künstlich aufzublähen. Wenn mit einem Satz alles gesagt ist, dann schicken Sie den Brief aus einem Satz bestehend ab.

Wenn Sie mehr über das „richtige" Schreiben eines Briefes wissen möchten, empfehlen wir Ihnen das auch im Cornelsen Verlag erschienene Buch „Geschäftskorrespondenz" von Renate Schmidt. ;-)

Zielorientiertes Lesen

Um schnell zu erfassen, worum es bei einem eingehenden Brief geht, ob der Inhalt für Sie interessant ist und ob Handlungsbedarf für Sie besteht, gehen Sie wie folgt vor:

Drei Schritte zur schnellen Brieferfassung

- Lesen Sie zunächst die Betreff-Zeile bzw. den ersten Satz, daraus geht in der Regel das Thema des Briefes hervor.
- Lesen Sie dann den letzten Satz, der deutlich macht, was Sie für den Verfasser tun sollen bzw. was er für Sie zu tun gedenkt.
- Erst wenn Sie so den Eindruck gewonnen haben, dass der Brief von Interesse sein könnte, lesen Sie die Briefmitte.

Es sind zwar immer nur Sekunden, die Sie dadurch sparen, aber abhängig vom Aufgebot eingehender Briefe kommen darüber Minuten zusammen. Außerdem schulen Sie durch diese Lesegewohnheit Ihr Selektionsvermögen.

 79 Kritik an fruchtlosen Meetings und Konferenzen in den Griff bekommen

„Meetings" – für viele sorgt inzwischen alleine das Wort für Unmut, der sich in Sprüchen wie *„Das ist eine Sitzung, in die viele reingehen und wo nichts rauskommt"*, kundtut. Bei einer Umfrage wurde diese Grundunzufriedenheit identifiziert:

Meetings scheinen den meisten Anlass zur Kritik zu bieten

- Abkommen vom Thema (83 %),
- schlechte Vorbereitung (77 %),
- fragwürdige Effektivität (74 %),
- zu wenig Aufmerksamkeit seitens der Teilnehmer (68 %),
- Wortbeiträge zu lang , vom Thema abschweifend (62 %),
- Besprechungsdauer (60 %),
- unzureichende Mitarbeit der Teilnehmer (51 %).

DIE MEISTEN DIESER KRITIKPUNKTE KÖNNEN SIE IN DEN GRIFF BEKOMMEN, WENN SIE DIE BESPRECHUNGEN EFFIZIENT VORBEREITEN UND ANSCHLIESSEND STRUKTURIERT STEUERN.

Die ermittelten Kritikpunkte lassen sich direkt in Verbesserungen umkehren

Schauen wir uns in den folgenden Tipps an, wie wir den häufigsten Fehlern vorbeugen können: Wir kümmern uns darin um die systematische Organisation, die Gesprächsführung, die Disziplin der Teilnehmer, klare Zielsetzungen und nicht zuletzt um das Protokoll.

🦉 **80** Besprechungen besser organisieren

Maßnahmen gegen zu häufige und zu lang dauernde Besprechungen

- Prüfen Sie immer, ob ein Meeting tatsächlich notwendig ist, oder ob Sie nicht auch auf andere Möglichkeiten der Information zurückgreifen können.
- Führen Sie regelmäßig stattfindende Meetings nicht um jeden Preis durch. Sagen Sie ab, wenn es nichts zu besprechen gibt.
- Legen Sie die Besprechungszeiten ganz genau fest (und informieren Sie die Teilnehmer darüber), halten Sie dann die Zeiten genau ein. Nach Parkinson braucht eine Aufgabe immer genau so viel Zeit zur Erledigung wie ihr zur Verfügung steht. Und wenn es einmal nicht innerhalb dieser Zeit zu einem Endergebnis kommt, beenden Sie das Meeting dennoch zum vereinbarten Zeitpunkt und sei es mit einem vorläufigen oder Zwischenergebnis.
- Begrenzen Sie Informationsbesprechungen auf maximal 45 Minuten und Entscheidungsmeetings auf maximal drei Stunden.

Maßnahmen zur richtigen Vorbereitung

Improvisationsvermögen ist ein Talent, bei der Durchführung von Besprechungen wirkt man aber trotz des Improvisationstalents eher unprofessionell oder unglaubwürdig.

UM NICHTS WICHTIGES ZU VERGESSEN, IST ES GÜNSTIG, DAS MEETING MIT HILFE EINER CHECKLISTE ZU PLANEN.

Wichtig beim Erstellen einer Checkliste ist folgendes:
- Sie muss alles enthalten, woran bei der Vorbereitung gedacht werden muss,
- sie sollte praktisch und handhabbar aufgebaut werden (unkompliziert hineinschreiben bzw. Dinge abhaken) und
- sie sollte klare Aufgaben, Termine und Verantwortliche ausweisen.

Im Folgenden wird ein umfassendes, aber optisch bewusst schlicht gehaltenes Beispiel abgedruckt. Passen Sie es für Ihre Bedürfnisse an!

CHECKLISTE BESPRECHUNGSORGANISATION

Ort:	Datum:	von:	bis:	Leitung:

Teilnehmer:

Thema:	Gesamtziel:

1. Ausstattung	Anzahl erforderlich:	Anzahl vorhanden:	reserviert/ bestellt am:	von:	erledigt:
Raum ... m2 / ... Personen					
Pinnwände inkl. Papier					
Moderatorenkoffer					
Folien					
Stifte					
Flip Chart inkl. Papier					
White Board/Magnettafel					
Overhead-Projektor					
Laserpointer/Zeigestab					
Dia-Projektor/Beamer					
Videokamera					
Fernseher/Monitor					
Lichtbildwand					
Rekorder: Video/DVD					
Verdunkelungsmöglichkeit					
Mikrofon, Verstärker					
Lautsprecher					
Tonwiedergabegerät					
Telefon/Fax/Internet					
Telefon-/Videokonferenz					
PC/Notebook					
Kopierer					

2. Bewirtung	für Uhrzeit:	Menge:	bestellt am:	bestellt von:	erledigt:
Kaffee/Tee					
Kaltgetränke					
Mittagessen					
Kuchen/Kekse/Obst					
Besonderes:					

3. Bestuhlung	Gewünschte Bestuhlungsform:		erledigt:
	○ Theater	○ parlamentarisch	
	○ Bankett	○ Stuhlkreis	
	○ Blocktafel	○ Fischgräte	
	○ E-Form	Sonstiges:	
	○ U-Form		

4. Einladung und Tagesordnung	am:	von:
Termin vereinbart		
Einladung versendet		
TO und Infos versendet		

5. Sonstiges		
Namensschilder	erstellt am:	von:
Tischschilder	erstellt am:	von:
Protokollführung	durch:	
Telefonatsannahme	durch:	

6. Referenten/Externe	eingeladen am:	von:	zugesagt:	Sonstiges:
...				○ Blumen
...				○ ...

7. Nachbereitung	am	von
Protokoll angefertigt		
an Verteiler		
Kontrolle der Ergebnis-umsetzung		

Tipp 81 Möglichkeiten der Gesprächsführung ausschöpfen

Wenn in Besprechungen wenig Offenheit herrscht

Besprechungsklima überprüfen, Besprechungskultur festlegen

Vertrauen ist etwas, das wir nur langsam aufbauen können. Wenn also Teilnehmer an Besprechungen Angst haben, offen ihre Meinung zu sagen, dann haben sie damit in der Vergangenheit möglicherweise schlechte Erfahrungen gemacht (sind kritisiert, ausgelacht worden oder haben sich auf andere Weise vorgeführt gefühlt).

LEGEN SIE ZUERST EINE NEUE BESPRECHUNGSKULTUR FEST, WEISEN SIE AUF REGELN HIN, DIE DEN MUT ZUR OFFENHEIT FÖRDERN.

Und leben Sie das, was Sie sagen! Vereinbaren Sie gegebenenfalls Vertraulichkeit über alle Diskussionen mit Ausnahme des Aktionsplans.

Wenn am Thema vorbei diskutiert wird / Nebensächlichkeiten überbetont werden

Agenda einhalten

Achten Sie permanent auf die Einhaltung der Agenda, die der rote Faden Ihrer Besprechung ist (Punkte, die von den Teilnehmern nicht vorher als Wunschthema auf die Agenda gesetzt wurden, finden in diesem Meeting KEINE Berücksichtigung. So „erziehen" Sie gleichzeitig die zur Zuverlässigkeit, die Ihre Besprechungsthemen nie oder nie rechtzeitig abgeben).

WENN DIE AGENDA GUT STRUKTURIERT IST, KÖNNEN SIE ANHAND IHRER GESCHICKT UND ZIELORIENTIERT DIE BEITRÄGE STEUERN.

Das heißt auch, dass es kein punkteübergreifendes „Springen" gibt. Führen Sie immer wieder zurück auf den aktuellen Punkt.

Nebensächlichkeiten ausbremsen ohne Sprecher zu diffamieren

Halten sich Teilnehmer an Nebensächlichkeiten auf, kritisieren Sie sie nicht vor versammelter Mannschaft, sondern kappen Sie die unnütze Diskussion eher durch den Satz: *„Sicher ein ganz interessanter Nebenaspekt, aber in diesem Fall nicht zielführend, deshalb lassen Sie uns wieder zurückkommen auf..."*

Wenn Besprechungen der Profilierung Einzelner dienen

Informieren Sie sich vorher (sofern Sie es nicht schon wissen) über die viel, gerne und wichtig redenden Spezialisten und überlegen Sie sich, wie Sie sie in die Besprechung einbinden können, sodass diese Profilierungssüchtigen zwar ihre Bestätigung bekommen, aber das Meeting nicht durch ihre ausschweifenden Wortbeiträge verzögern. Sie können denjenigen vielleicht bitten, unmittelbar neben Ihnen Platz zu nehmen und genau darauf zu achten, dass Sie sich stringent an die Agenda halten oder Sie bitten ihn, sich ein Bild von der Stimmung der Teilnehmer zu machen und Ihnen seine Beobachtungen später mitzuteilen. Vielleicht kann der Spezialist auch Protokoll führen?! Mittelfristig sollten Sie allerdings ein Gespräch mit dem Profilierungssüchtigen führen und ihm sein Verhalten und die Auswirkungen auf Besprechungen (und auch die Reaktion der Kollegen) vor Augen führen.

Profilierungssüchtigen entgegensteuern, sie einbinden

Tipp 82 Ergreifen Sie Maßnahmen, wenn Einzelne unpünktlich sind!

Seien Sie selbst ein Vorbild und kommunizieren Sie, wie viel Wert Sie auf Pünktlichkeit legen.

BEGINNEN SIE GRUNDSÄTZLICH PÜNKTLICH UND ZUR ANGE-GEBENEN ZEIT.

Denn sonst schleicht sich der Schlendrian ein und die Unpünktlichkeit breitet sich aus. Senden Sie Zuspätkommern keinesfalls ein freundliches, verständnisvolles Lächeln, sondern höchstens einen irritierten Blick. Auch humorige Bemerkungen wie das beliebte „Mahlzeit!" führen nicht dazu, dass der unpünktliche Teilnehmer beim nächsten Mal pünktlich kommt. (Es sind im Übrigen immer die Gleichen, die zu spät kommen, vielleicht schenken Sie ihnen zum nächsten Geburtstag mal ein Buch zum Thema „Zeitmanagement".)

Keinen Schlendrian einziehen lassen

Halten Sie sich nicht mit einer langen Vorrede und Nebenbeigeplänkel auf (so lange bis wir komplett sind ...), sondern steigen Sie zügig in die Agenda ein. Geben Sie Zuspätkommern nie eine Zusammenfassung über das bisher Besprochene. Welchen Anreiz sollten sie haben, pünktlich zu sein, wenn sie im Vorneherein wissen, dass sie doch nichts verpassen?

Immer zügig starten

Tipp 83 — Vermeiden Sie immer, dass Teilnehmer oder Leitung schlecht vorbereitet sind!

Nehmen Sie sich ausreichend Zeit für die Vorbereitung und seien Sie den Teilnehmern ein Vorbild für Kompetenz und Verlässlichkeit. Führen Sie mit Teilnehmern, die wiederholt unvorbereitet zu einem Meeting kommen, ein KRITIKGESPRÄCH, in dem Sie die Gründe für die schlechte Vorbereitung ermitteln. Bieten Sie gegebenenfalls Unterstützung bei der Selbstorganisation an.

Zu fehlender Vorbereitung Kritikgespräche führen

Für Ihre eigene Vorbereitung hilft ein Fragebogen zur Besprechungsvorbereitung:

FRAGEBOGEN ZUR (EIGENEN) BESPRECHUNGSVORBEREITUNG

Thema:

Teilnehmer:

Termin:

Ort:

Inhalt:

1. Was muss ich bis zum Termin erledigt haben oder mitbringen?
2. Was ist mein Hauptziel bei der Besprechung?
3. Welche Punkte müssen/könnten zur Sprache kommen?
4. Welche Entscheidungen müssen/könnten getroffen werden?
5. Was MUSS ich erreichen? (Mussziel)
6. Was MÖCHTE ich erreichen? (Wunschziel)
7. Was muss ich vermeiden?
8. Was muss ich über meine Gesprächsteilnehmer wissen?
9. Was werden meine Gesprächsteilnehmer zu erreichen suchen?
10. Welche Ziele decken sich?
11. Wo liegen mögliche Zielkonflikte?
12. Bin ich so gut im Thema, dass ich sicher durch die Besprechung führen kann?

Tipp 84 Wichtig sind stimmige Informationen und die konkrete Umsetzung

Die Ziele dürfen nicht unklar sein

Teilen Sie den Teilnehmern vor der Besprechung oder spätestens zu Beginn des Meetings mit, warum sie bei dieser Konferenz gebraucht werden und was gemeinsam erreicht werden soll. Nur wenn alle den Sinn der Besprechung nachvollziehen können, können Sie steuern. Denken Sie an Senecas Worte: *„Wer den Hafen nicht kennt, in den er segeln will, für den ist kein Wind ein günstiger."*

Sinnhaftigkeit

Unterschiedlicher Informationsstand der Teilnehmer muss ausgeglichen werden

Geben Sie bereits vor dem Meeting die wesentlichen Informationen an alle Teilnehmer. Günstig ist, wenn Sie das in schriftlicher Form tun, dann gehen weniger Informationen unter und die Teilnehmer können vor dem Beginn der Besprechung noch einmal nachlesen. Fassen Sie sich dabei kurz: Ihre Informationen sollten auf ein Blatt passen, sonst werden sie nicht oder nur oberflächlich gelesen. Fassen Sie zu Beginn des Meetings kurz die Ausgangssituation zusammen und geben Sie die aktuellen Informationen, die noch nicht allen vorliegen, weiter.

Vorab informieren

Beschlüsse müssen so getroffen werden, dass sie auch umgesetzt werden (können)

Reduzieren Sie die Anzahl der Maßnahmen in den Aktionsplänen. Alles, was sich nicht innerhalb der nächsten 72 Stunden nach der Besprechung umsetzen oder wenigstens starten lässt, hat eine Chance von 99 Prozent, dass es nie umgesetzt wird. Verteilen Sie Aufgaben an einzelne Personen, in deren Verantwortung es liegt, die einzelnen Aktivitäten erfolgreich zu erledigen. Wenn Sie keine Kompetenzen vergeben, fühlt sich niemand verantwortlich!

Realistische Beschlüsse fassen

Achten Sie genau darauf, dass ein Protokoll geführt wird, aus dem die Ergebnisse, Zwischenergebnisse, geplanten Aktivitäten und Verantwortlichkeiten genau hervor gehen. Um die Protokollführung wird sich immer gerne gedrückt, das liegt meistenteils daran, dass viele Menschen nicht wissen, wie ein Protokoll „richtig" erstellt wird. Als Hilfestellung nachfolgend Tipps zum Thema „Protokollführung".

Tipp 85 Sorgen Sie für professionelle Protokollführung!

Anforderungen an ein Protokoll

Zweck des Protokolls sind Beweis, Dokumentation und Information Dritter

Protokolle dienen als Beweismittel, der Dokumentation, als Information für nicht anwesende Dritte bzw. als Arbeitsgrundlage. Sie beruhen auf Mitschriften oder Notizen zu einer Besprechung.

PROTOKOLLE SOLLEN DIE REALITÄT ABBILDEN, DAS HEISST, SIE DÜRFEN KEINE EIGENE WIRKLICHKEIT SCHAFFEN.

Personenneutral verfassen

Der Protokollant ist neutraler Beobachter, er muss sich mit eigenen Wortbeiträgen zurückhalten und beim Schreiben darauf achten, persönliche Wertungen zu unterlassen. Protokolle dürfen nicht durch die Person des Verfassers, sein Vorwissen, seine Einschätzung der Situation oder seine Kritik geprägt sein.

Protokolle sollen einen angemessenen Umfang haben, sie müssen nicht möglichst detailliert Auskunft geben, sondern lediglich einen Überblick vermitteln. Die sachlich-logische Gliederung sollte durch sinnvolle Absätze erkennbar sein.

Nur grob gliedern, ggf. mit Hervorhebungen

Überschriften sind nicht erforderlich. Die Hervorhebung wichtiger Aussagen (zum Beispiel durch Fettdruck) ist dagegen unter Umständen empfehlenswert.

Unterschiedliche Protokollarten

1. Wörtliche Protokolle …

   … geben Verlauf und Inhalte der Diskussion im Wortlaut wieder, hierbei sind die Regeln des Zitierens anzuwenden. Wörtliche Protokolle haben eine sehr hohe Beweiskraft, sind jedoch sehr zeitaufwändig und umfangreich.

2. Verlaufsprotokolle …

   … sind ausführliche Protokolle, die sowohl den Verlauf der Sitzung als auch die Inhalte der Redebeiträge (Thesen und Argumente) festhalten. Redner werden namentlich genannt.

   Verlaufsprotokolle erfordern vom Protokollanten Sachkenntnis, Objektivität und Übersicht, da er fokussieren, das heißt Redeabsichten erfassen und Wesentliches vom Unwesentlichen trennen muss.

3. Kurzprotokolle ...

... halten in Form von Thesen Inhalte, Verlauf und Ergebnisse der Diskussion fest. Es werden Hauptargumente aufgeführt, Namen werden nur dann erwähnt, wenn sie besonderen Informationswert haben.

Kurzprotokolle bieten in gestraffter Form eine Übersicht über eine Besprechung, sie verlangen vom Protokollanten Urteilsvermögen und Formulierungsgeschick.

4. Ergebnis- bzw. Beschlussprotokolle ...

... sind sachorientiert. Sie geben Anträge, Beschlüsse und Abstimmungsergebnisse wörtlich wieder, bieten darüber hinaus jedoch keine Hintergrundinformationen. Sie eignen sich daher als Erinnerungsstütze für die Beteiligten, jedoch kaum für Außenstehende.

5. Gedächtnisprotokolle ...

... werden ohne Notizen angefertigt, sondern aus der Erinnerung verfasst, wenn erst im Anschluss an ein Meeting vereinbart wurde, dass ein Protokoll zu erstellen ist. Sie sind als solche zu kennzeichnen.

GESTALTUNG EINES PROTOKOLLS

Zum Protokoll gehören:

- Kopf (Angaben über Anlass, Zeit, Ort, Teilnehmer, ggf. Abwesende, Tagesordnungspunkte, Protokollführer, Verteilerliste)

- Abfolge (Thema/Themen und der Verlauf der Sitzung)

- Inhalte der Besprechung

- Thesen der Diskussion und ihre Hauptargumente

- Ergebnisse, Beschlüsse

- Fuß (Termine, Unterschriften des Protokollführers und des Besprechungsleiters, Anlagenverzeichnis)

Der Protokollführer sollte in der Nähe des Besprechungsleiters an einem Platz sitzen, an dem er möglichst alle Teilnehmer gut sehen und verstehen kann. So ist es ihm möglich, Missverständnisse zu klären und die Übersicht zu behalten.

Wenn ein Punkt für den Protokollanten nicht klar geworden ist, sollte er sofort nachfragen.

Protokolle folgen einem einheitlichen äußeren Gestaltungsrahmen

Sprache eines Protokolls

Im Präsens schreiben

Protokolle geben Verlauf und/oder Ergebnisse einer Sitzung wieder und dürfen keine eigenen Schlussfolgerungen enthalten. Sie werden im Präsens verfasst. Sie überführen die mündliche Sprache des Meetings in Schriftsprache. Um Missverständnisse zu vermeiden, sollte hierfür der Konjunktiv gewählt werden. Protokolle müssen unparteiisch und wertfrei sein, daher gilt es, neutrale Formulierungen zu wählen.

Tipp 86 Nehmen Sie das Telefon als das wichtige Kommunikationsmedium, das es ist!

Das Telefon klingelt. Eine Unterbrechung? Nein, ein Teil unserer Arbeit, vor allem wenn wir Kunden betreuen. Über das Telefon vertreten wir unser Unternehmen nach außen, deshalb ist es genauso wichtig, am Telefon „einen guten Eindruck" zu hinterlassen wie effektive Ergebnisse zu erzielen.

*Die Kunst: Gesprächs-
partner wichtig nehmen,
aber Zeit im Griff halten*

Grundvoraussetzung für ein gutes Telefonat ist es, Spaß am Telefonieren zu haben, dabei aber gleichzeitig die Dauer eines Telefonates im Auge zu behalten (die meisten Telefonate sind deutlich länger als sie eigentlich sein müssten). Wir wollen und sollen auf der einen Seite den Anrufer und Angerufenen ernst nehmen und verstehen, andererseits aber auch unsere eigene Position wirkungsvoll und konfliktfrei darstellen.

Dabei müssen wir den Spagat zwischen Beziehungs- und Sachebene bewerkstelligen, ohne dass wir dabei den Blickkontakt als wirkungsvolles Instrument des Beziehungsaufbaus verwenden können.

Tipp 87 Richtige Vorbereitung auf das Telefonat

„Den könnte ich auch mal wieder anrufen!" – unter diesem Motto scheinen viele Telefonate geführt zu werden. Das vergeudet aber kostbare Zeit und bringt nichts Greifbares.

*Telefonate brauchen
„handfeste" Gründe und
müssen vorstrukturiert
werden*

Bevor wir irgendjemanden (Kunde, extern oder intern) anrufen, ist es sinnvoll, uns eine Reihe strukturierender Fragen zu stellen. Sie sind auf der folgenden Seite zusammengefasst und richten sich auf klare Ziele. Denn nur wenn ich selbst klar bin, kann ich auch erwarten, dass mein Telefonpartner mich verstehen wird.

FRAGEN ZUR VORBEREITUNG VON TELEFONATEN

- Habe ich die nötige Ruhe (soweit ich es jetzt absehen kann), mich für einen Moment auf den Gesprächspartner voll und ganz zu konzentrieren oder wäre es mehr ein Gespräch „zwischen Tür und Angel" (dann verschiebe ich den Zeitpunkt des Anrufs lieber)?

- Liegen mir die nötigen Unterlagen vor? (Block, Stift, Kundendaten, neueste Informationen ...)

- Ist der Zeitpunkt des Anrufs für den Kunden günstig? (Oder ist es gerade Montagmorgen und er mit der Planung der Woche beschäftigt?)

- Wie stehe ich zum Kunden? (Wenn unsere Einstellung negativ ist, werden wir das alleine über den Klang unserer Stimme und die Wortwahl übertragen und ein entsprechend schlechteres Ergebnis erzielen. Hilfreich kann es sein, sich auf ein Blatt Papier in großen Buchstaben „ICH MAG DICH" zu schreiben und während des Telefonats immer wieder darauf zu schauen. Ob wir es wollen oder nicht, diese scheinbar nur aufgesetzte Botschaft wird unser Telefonverhalten deutlich beeinflussen. Probieren Sie es aus ...!)

- Warum rufe ich den Kunden an? (Was ist der Grund für meinen Anruf? Wie ist die Vorgeschichte? Bin ich auf dem neuesten Stand? Habe ich Aufzeichnungen zu unserem letzten Gespräch? Liegt mir sein Brief vor?)

- Was will ich mit diesem Telefonat erreichen? (Was ist mein Ziel? Welchen Kompromiss kann oder muss ich gegebenenfalls machen? Welches Ergebnis möchte ich erreichen?

Tipp 88 Schenken Sie der Begrüßung am Telefon höchste Aufmerksamkeit!

„Mül-ler!!!" brüllt der Dienstleister am anderen Ende der Leitung uns ins Ohr und wir machen uns sofort ein Bild von diesem unfreundlich und leicht ungeduldig wirkenden Gesprächspartner. Damit nicht genug, er steht ja mit seinem Auftritt stellvertretend für sein Unternehmen und unsere Gedanken eilen weiter: *„Das ist ja nicht gerade ein kundenorientiertes*

Unternehmen. Ob das wohl der gewöhnliche Umgangston dort im Haus ist?"

Die Begrüßung ist in jedem Telefonat herausragend wichtig

Mit der Begrüßung erzeugen wir einen ersten Eindruck vom Unternehmen und doch wird diese erste Chance, uns und unser Unternehmen positiv, souverän und professionell darzustellen, oft verschenkt. Natürlich wollen wir auf keinen Fall in floskelhaftes Gehabe verfallen und der gesäuselte Satz *„Was kann ich für Sie tun?",* wirkt selten natürlich. Dennoch ist eine angemessene, freundliche Begrüßung wichtig für den gesamten Verlauf des Gespräches, denn hier stellen wir schon die Weichen dafür, wie wir von unserem Gesprächspartner behandelt werden möchten und welche Art der Ansprache er von uns zu erwarten hat. Dabei ist zu unterscheiden, ob wir angerufen werden oder selbst anrufen. Hier ein Beispiel:

PRAXIS

Optimale Begrüßung beim Telefonat

Passives Telefonat (wir werden angerufen)

„Guten Tag!"	Dies hat den höchsten Wiedererkennungswert, denn die erste Information geht in der Aufregung der ersten Sekunden häufig unter, wir starten mit der direkten Begrüßung schon freundlich.
„Sekundia Zeitmanagement ..."	Bestätigung für den Anrufer: „Aha, ich bin beim richtigen Unternehmen".
„Mein Name ist ..."	Die bringt Zeit für den Anrufer, sich auf den Namen des Gesprächspartners einzustellen.
„... Wolfgang Müller"	Die wichtigste Information steht am Schluss, weil sie dort am ehesten hängen bleibt.

Aktives Telefonat (wir rufen an)

„Guten Tag, Frau Schulz!"	Wir wissen ja in der Regel, wen wir anrufen, außerdem hören wir den Namen, wenn der Gesprächspartner sich meldet.
„Mein Name ist Wolfgang Müller ..."	Wer ruft mich da an?
„... von der Firma Sekundia Zeitmanagement."	Das ist die wichtigste Info in diesem Fall: das Unternehmen, denn damit kann sich der Angerufene ein Bild machen: Was kann der Anrufer von mir wollen?

Auch wenn diese Art der Begrüßung einigen im ersten Moment länger erscheinen mag als das noch oft übliche *„Mül-ler!"*, es sind nur Bruchteile von Sekunden, die wir dadurch verlieren, um sie an späterer Stelle des Gespräches wieder zu gewinnen, denn die Beziehungsebene ist so durch die Begrüßung schon einmal gestärkt. Probieren Sie es einmal eine Weile aus, Sie werden erstaunt sein, welche positiven Auswirkungen eine so kleine Veränderung in Ihrem Telefonverhalten hat.

Tipp 89 Verschiedene Mittel zur Beeinflussung der Gesprächsatmosphäre nutzen

Unabhängig vom Inhalt eines Gespräches wird die Atmosphäre durch Rahmenbedingungen beeinflusst, die der Gesprächspartner oft nicht direkt, sondern unbewusst wahrnimmt und die wiederum sein Verhalten uns gegenüber beeinflussen. Das gilt im Gespräch und am Telefon gleichermaßen.

Rahmenbedingungen nicht unterschätzen

Stimme und Lautstärke

Der Stimme kommt am Telefon eine hohe Bedeutung zu, denn sie ist ein unmittelbarer Ausdruck unserer Persönlichkeit. Mit der Stimme übertragen wir unsere Stimmung und mit ein bisschen Übung erkennen wir schon über die Stimme: Ist der Gesprächspartner in Eile, ist er gut oder schlecht gelaunt, ist er unsicher oder von sich überzeugt, ist er müde, traurig oder gut gelaunt und hellwach? Bei den meisten Menschen kommt eine tiefere Stimme besser an als eine hohe, denn mit einer tieferen Stimme signalisieren wir Ruhe, Ausgeglichenheit, Vertrauenswürdigkeit und sogar Kompetenz. (Überlegen Sie einmal, was in Stress- oder Ärgersituationen mit Ihrer Stimme passiert. Wird Sie nicht automatisch höher, weil die Atmung flacher wird?)

An unserer Stimme können wir arbeiten, denn wir haben alle eine gewisse Bandbreite (von hoch bis tief), nutzen aber nur einen kleinen Teil davon. Je tiefer wir in den Bauch, und nicht in den Brustkorb atmen, desto tiefer und voluminöser wird die Stimme.

Die Stimme lässt sich schulen

Mit einfachen Übungen lässt sich die Stimme schon in einem Monat verändern. Dazu gibt es viele hervorragende Bücher, von denen Sie im Literaturverzeichnis einige finden. Aus eigener Erfahrung kann ich sagen:

MITTEL ZUR BEEINFLUSSUNG DER GESPRÄCHSATMOSPHÄRE

*ARBEIT AN DER STIMME HEISST ARBEIT AN DER PERSÖN-
LICHKEIT UND DAS LOHNT SICH!*

Wir hören unseren Gesprächspartner reden und passen unsere Lautstärke oft intuitiv an. Manchmal hören wir jemanden
sehr leise reden und er erscheint uns dadurch unsicher oder es
redet jemand sehr laut und er erscheint uns forsch. Diese In-
terpretationen können wir heute so nicht mehr gelten lassen,
denn immer mehr Menschen haben Gehörschäden und nehmen ihre eigene Stimme ganz anders wahr als wir das tun.

*Laut keinesfalls laut
beantworten!*

Wird ein Gesprächspartner allerdings laut, weil er ärgerlich
oder wütend ist, dann passen wir unsere Lautstärke tunlichst
nicht an, wenn wir nicht wollen, dass die Situation eskaliert.
Wir werden auch nicht betont leise, das wirkt erzieherisch auf
den Gesprächspartner, sondern sprechen mit gewohnter Lautstärke weiter, während wir nur die Sprechgeschwindigkeit zu-
rücknehmen, also bewusst langsamer sprechen. Das hat eine
beruhigende Wirkung auf den Gesprächspartner.

Sprechgeschwindigkeit und Sprechdauer

*Bewusst langsamer spre-
chen, Druck nicht über
Telefon weitervermitteln*

Wir sprechen zu schnell! Die meisten von uns jedenfalls. Das
liegt zum einen daran, dass wir selbst oft unter Druck stehen,
andererseits die Zeit des anderen nicht zu lange in Anspruch
nehmen möchten. Außerdem müssen wir bei schnellem Rede-
fluss keine Angst vor einer Unterbrechung haben (es könnte ja
ein Einwand kommen!).

*DURCH ZU SCHNELLES SPRECHEN ENTSTEHEN MISSVER-
STÄNDNISSE, DESHALB EMPFIEHLT ES SICH GERADE AM TE-
LEFON, LANGSAMER ZU SPRECHEN UND WENIGER ZU SAGEN.*

*Inhalte von Telefonaten
auf das Aufnehmbare
begrenzen*

Kurze Redeeinheit – Frage an den Gesprächspartner, wie er
dazu steht oder ob er bis dahin Fragen hat – dann wiederum
kurze Redeeinheit bis die Situation geklärt ist. Auf diese Weise
vermeiden wir permanente Wiederholungen (die ein Grund
dafür sind, warum Telefonate in der Regel zu lange dauern) und
Missverständnisse. Es gibt nur wenige Menschen, die mehr als
fünf neue Informationen in einem Gespräch speichern können.
Kein Wunder, wenn der Gesprächspartner in drei Tagen wieder
anruft: „Ich hätte da noch mal eine Frage ...". Telefonieren Sie
nach dem Motto: Reden ist Silber, Schweigen ist Gold.

Mimik und Gestik

Nicht wichtig am Telefon? Vielleicht nicht so wichtig wie im persönlichen Gespräch, aber sicher ist, dass sich auch überträgt, was Sie nicht sagen.

Nicht sichtbares überträgt sich dennoch am Telefon

Deshalb sollten Sie Folgendes vermeiden:

- Bedienen der Tastatur Ihres Computers: der Anrufer möchte für den Moment des Telefonats das Gefühl haben, am wichtigsten für Sie zu sein, er spürt, wenn Sie nebenher etwas anderes tun, wenn Sie den Computer bedienen, sagen Sie dem Anrufer, dass Sie es in seiner Sache tun, um etwas für ihn herauszufinden. (Das gilt natürlich nicht für Servicecenter, wo Sie mit Headset arbeiten und direkt im Gespräch Informationen in den PC eingeben müssen.)

„Nebenbeschäftigungen" am Telefon sind eine Unsitte

- Kaugummikauen oder Bonbonlutschen: Sie vermitteln dem Anrufer damit das Gefühl von Nachlässigkeit oder Gelangweiltsein.
- Anzünden einer Zigarette: der Anrufer hört das Klicken des Feuerzeugs und Ihr Ziehen an der Zigarette, beim Nichtraucher signalisiert das „weniger Aufmerksamkeit", beim Raucher „jetzt wird's gemütlich, dann zünde ich mir auch mal eine an" und damit wird das Gespräch verlängert.
- Hin- und Herlaufen: auch wenn Bewegung hilft Worte zu finden, spürt der Anrufer die Unruhe und wird nervös.
- Nebengespräche mit Kollegen, und sei es nur körpersprachlich: der Anrufer spürt, dass Sie nicht richtig zuhören und unkonzentriert sind.

Günstig sind dagegen:

- Lächeln: ein Lächeln wird immer über die Stimme transportiert und kommt sofort beim Gesprächspartner an.

Auch am Telefon lässt sich „Verhalten" vermitteln

- Gestikulieren mit der freien Hand: dies bringt Lebendigkeit in Ihre Sprache und in den gesamten Gesprächsverlauf.
- Aufstehen: Sie bekommen dadurch mehr Stringenz in das Gespräch, sprechen klarer und argumentieren durchschlagskräftiger. Durch abruptes Aufstehen setzen Sie das Signal, dass das Gespräch jetzt zum Ende kommen sollte, das empfiehlt sich bei Vielrednern.
- Aktives Zuhören: über Laute des Verstehens oder der Zustimmung *(„hm, ja, verstehe ... ")*, was in der Regel mit Kopfnicken einhergeht.

Namentliche Ansprache

Neulich habe ich mit der EC-Karte meinen Einkauf bezahlt und die Verkäuferin gab mir die Karte mit den Worten *„Dankeschön, Frau Schmidt"*, zurück. Eine Kleinigkeit, denn der Name steht ja auf der Karte, und ich habe mich trotzdem gefreut, weil es so selten gemacht wird und ich mich dadurch wertgeschätzt gefühlt habe.

IM TELEFONAT IST DIE NAMENTLICHE ANSPRACHE EIN EINFACHES MITTEL DES BEZIEHUNGSAUFBAUS.

Namen am Anfang erfragen, nicht am Ende!

Der Anrufer meldet sich und Sie sprechen ihn gleich zu Anfang mit Namen an. Haben Sie seinen Namen nicht verstanden, fragen Sie SOFORT nach: *„Entschuldigen Sie bitte, ich habe Ihren Namen nicht richtig verstanden, würden Sie ihn bitte wiederholen?"* (bei schwierigen Namen kann man auch bitten zu buchstabieren) und nicht erst am Ende des Telefonats: *„Ich rufe Sie zurück, wie war noch mal Ihr Name?"* Das ist grobe Unhöflichkeit und Missachtung der Person des Anrufers.

Natürlich sollen wir die namentliche Ansprache sinnvoll einsetzen und nicht übertreiben. Wenn wir unseren Gesprächspartner unterbrechen möchten, ist es viel wirkungsvoller, wenn wir das mit der namentlichen Ansprache tun: *„Herr Müller ...!"* als wenn wir sagen: *„Entschuldigen Sie, dass ich Sie mal eben unterbreche ..."*. Das hat immer eine negative Wirkung, denn wer wird schon gerne unterbrochen.

Wenn wir etwas besonderes Wichtiges sagen oder den Gesprächsinhalt noch einmal zusammenfassen, ist die Aufmerksamkeit des Gesprächspartners wesentlich höher, wenn wir ihn zuvor mit Namen ansprechen und wenn wir uns namentlich von ihm verabschieden, behält er uns als freundlichen, zugewandten Gesprächspartner in Erinnerung.

 Tipp 90 Üben Sie für ein besseres Namensgedächtnis!

Namen sind so wichtig, dass man gegen sein schlechtes Gedächtnis angehen sollte

Bei der Vielzahl unterschiedlicher Kontakte jeden Tag ist es nicht immer leicht, uns Namen zu merken, dabei heben wir uns gerade dadurch positiv von anderen ab.

Das Namensgedächtnis lässt sich trainieren, probieren Sie es mit der folgenden Übung einmal aus:

KLEINE GEDÄCHTNISÜBUNG

Lesen Sie den folgenden Absatz, decken Sie ihn zu und ordnen Sie dann die folgenden durcheinander gewürfelten Begriffe einander zu, sodass sie zu den nun folgenden Behauptungen passen.

Reiner hat einen Stoppelbart. Monika liebt Roland. Herr Meyer ist mit Elke verheiratet. Ingrid mag Susi. Olaf ist in der Türkei. Tim geht schon zur Schule.

Und jetzt probieren:

Monika	Susi
Roland	Stoppelbart
Ingrid	Schule
Reiner	Türkei
Olaf	Elke
Meyer	Tim

Wenn es nicht auf Anhieb klappt, probieren Sie es gleich noch mal. Sie können auch die Anzahl der Behauptungen reduzieren. Wenn es schon gut klappt, erhöhen Sie die Anzahl der Behauptungen. Schreiben Sie zehn oder auch 20 Sätze auf, lassen Sie einen Tag vergehen und versuchen Sie dann die Zuordnung.

Anwendung in der Praxis

Auf die beschriebene Weise trainieren Sie sukzessive Ihr Namensgedächtnis und irgendwann wird das Verknüpfen von Namen mit mehr oder weniger sinnvollen Kurzsätzen fast zur Sucht. Normalerweise lernen Sie Herrn Meyer kennen und schon am nächsten Tag haben Sie den Namen wieder vergessen, wenn er Sie nicht gerade besonders interessiert. Einfacher wird es, wenn Sie sich erinnern können: „Meyer hat eine rote Krawatte" oder „Meyer hat eine Glatze" (vielleicht speichern Sie ihn dann als „Plattenmeyer"). Das Ganze können Sie natürlich auch in Reimform trainieren: „Meyer isst gern Eier" oder „Schulze hört ne Schnulze".

Natürlich müssen Sie aufpassen, dass Sie Herrn Meyer nicht eines Tages mit seinem „Spitznamen" ansprechen oder ihm eine Unterlage durchreichen, wo dieser zufällig drauf notiert wurde ...

Die gute alte Eselsbrücke hat nicht ausgedient, sie hilft gerade bei Namen

Tipp 91 Telefonate brauchen einen schematischen Gesprächsaufbau

Jedes Telefonat läuft im Grunde nach dem gleichen Schema ab, nämlich:

- Begrüßung,
- Aufbau der Beziehungsebene (kurzer Smalltalk),
- Einstieg ins Thema/Besprechung des Sachinhalts,
- Zusammenfassung des Ergebnisses/Festlegung der weiteren Vorgehensweise,
- Dank und
- Verabschiedung

Dazu ein paar kurze Überlegungen, wie das Gespräch kurz, effizient und freundlich geführt werden kann.

1. Aufbau der Beziehungsebene/Smalltalk

Ohne den berühmten, für einige „berüchtigten" Smalltalk bleibt das Gespräch hölzern und die Beziehungsebene kann nicht aufgebaut werden.

Als Alternative zu der beliebten (oft oberflächlichen) Frage nach der Befindlichkeit des Gesprächspartners oder einer Bemerkung übers Wetter können wir auch mit anderen den Gesprächspartner interessierenden Themen fragen. Voraussetzung dafür ist, dass wir schon im letzten Gespräch gut zugehört haben und ein paar Dinge über den Anrufer wissen. (Was sammelt er? Welche Hobbys hat er? Hat er Kinder? Ist er verheiratet? Hat er ein Haus? Ein neues Auto?) Je dichter Sie mit Ihrem Gesprächseinstieg an das herankommen, was Ihren Gesprächspartner wirklich interessiert, desto günstiger ist die Ausgangsposition für das, was Sie anschließend auf der Sachebene besprechen werden.

Smalltalk ist so wichtig, dass man sich gezielt darum kümmern sollte

Wichtig ist, dass Sie nicht mit einem negativen Thema einsteigen: „Na, läuft das Geschäft immer noch nicht besser?". Das ist auch eine Gefahr, wenn wir übers Wetter sprechen, denn das ist im Grunde selten richtig. Wenn wir schon das Wetter als Gesprächseinstieg nutzen, dann vielleicht eher so: „Von welchem sonnigen Land träumen Sie denn heute?"

Absolut verboten: negativer Einstieg!

ÜBERRASCHEN SIE IHREN GESPRÄCHSPARTNER DOCH EINMAL MIT EINER FRAGE ODER EINER AUSSAGE, DIE NICHT INS TYPISCHE FLOSKEL-KLISCHEE PASSEN.

2. Sachinhalt

Beim eigentlichen Sachinhalt geht es darum, die Informationen für den Gesprächspartner in kurzen prägnanten Worten zu schildern, keine zu langen Schachtelsätze zu bilden und den ROTEN FADEN durchzuhalten. Dabei hilft es, wenn wir uns vorstellen, welche FRAGEN der Gesprächspartner gerne zum Verständnis beantwortet hätte. Haben wir diese Fragewörter berücksichtigt, haben wir eine zielgerichtete Kommunikation erreicht.

Beim Gliedern des Sachinhalts helfen Fragen

FRAGEN ALS HILFE ZUM STRUKTURIEREN DES SACHINHALTS		
Was?	hinterfragt	den Zielinhalt
Wozu? Weshalb?	hinterfragt	den Zielgrund
Wie? Wohin?	hinterfragt	den Zielweg
Wer?	hinterfragt	die Zielverantwortung
Wie viel?	hinterfragt	die Zielmenge/-höhe/-umfang
Wie lange?	hinterfragt	die Zielzeit
Wann? Bis wann?	hinterfragt	die Zielfrist

Anstelle von permanenten Wiederholungen der Sachinhalte stellen Sie Ihrem Gesprächspartner lieber gezielt Fragen wie *„Haben Sie bis hierher Fragen?"*, *„Was halten Sie bis jetzt davon?"*, *„Wie denken Sie darüber?"* oder *„Sollen wir es so machen oder haben Sie einen anderen Vorschlag?"*.

FRAGEN WERDEN IN TELEFONATEN (WIE IN DEN MEISTEN GESPRÄCHEN) VIEL ZU SELTEN GESTELLT, DABEI SIND GENAU SIE ES, DIE UNS DEM ERGEBNIS NÄHER BRINGEN.

Ist der Gesprächsteilnehmer ärgerlich, wütend oder enttäuscht, bringt es nichts, auf der Sachebene weiter zu diskutieren, wir müssen uns zuerst auf seine emotionale Ebene (die Beziehungsebene) begeben, bevor wir auf der Sachebene

Erst Emotionen klären, dann sachlich einsteigen

weiterreden können. Sätze wie: *„Ich verstehe Sie"*, *„Das tut mir wirklich sehr leid"* oder *„Lassen Sie uns gemeinsam überlegen, was wir tun können, damit wir beide mit der Situation leben können"*, signalisieren dem Gesprächspartner Ihr Bemühen ihn zu verstehen, ohne dass Sie ihm damit das Gefühl geben, er sei im Recht.

3. Zusammenfassung

Bei der Zusammenfassung des Ergebnisses und der weiteren Vorgehensweise vermeiden Sie unklare Formulierungen wie: *„Man könnte versuchen, folgendermaßen vorzugehen ...".* Lassen Sie den Konjunktiv weg: *„Ich würde Sie dann in den nächsten Tagen anrufen ...".* Seien Sie so konkret wie möglich um für beide deutlich zu machen, wer was zu tun hat und tun wird: *„Bitte klären Sie den Sachverhalt in Ihrem Haus. Wann genau darf ich mit Ihrer Antwort rechnen?"* oder *„Ich rufe Sie am Mittwoch gegen Mittag an. Ist das in Ordnung für Sie?".*

Klare Absprachen treffen, nicht im Konjunktiv sprechen

JE KONKRETER DIE ABSPRACHEN, DESTO HÖHER DER GRAD DER BEIDSEITIGEN ZUFRIEDENHEIT UND DEM GEFÜHL VON VERLÄSSLICHKEIT.

4. Gesprächsende

Auch wenn der Gesprächspartner sich beschwert, Ihre Leistung/Ihr Produkt reklamiert hat, und auch wenn dies nach Ihrem Ermessen zu Unrecht geschehen ist, bedanken Sie sich am Ende eines Telefonates immer. Freuen Sie sich, dass er sich bei Ihnen und nicht über Sie beschwert hat, sehen Sie das Positive an der Situation oder seinem Verhalten (zum Beispiel seine Offenheit). Dank ist ein Zeichen von Wertschätzung und das wird der Gesprächspartner in positiver Erinnerung behalten.

Jedes Telefonat positiv abschließen (auch unerfreuliche)

 **92** Eine Nachbereitung ist für die meisten Gespräche wichtig

Wenn Sie das Telefonat beendet haben, legen Sie Ihre Notizen nicht achtlos zur Seite, um sich schnell wieder Ihrer Statistik zuzuwenden, die Sie unbedingt noch fertig machen wollten, sondern nehmen Sie sich noch einen Moment Zeit um später nicht wieder in das Thema einsteigen zu müssen:

Nachbereitung sofort vornehmen, Vorgang nicht erneut anfassen

- Übertragen Sie Notizen, falls nicht schon geschehen, dorthin, wo sie hingehören.
- Tragen Sie nach, was später missverständlich sein könnte.
- Ergänzen Sie Ihre Sachnotizen um das, was Sie auf der Beziehungsebene über Ihren Gesprächspartner gehört haben (seine Frau hat übermorgen Geburtstag, er fährt in den Skiurlaub, seine Sekretärin ist krank ...), damit Sie beim nächsten Telefonat darauf zurückgreifen können.
- Fragen Sie sich: Wie ist das Telefonat gelaufen? Was habe ich gut gemacht? Worauf kann ich aufbauen? Wo gab es Diskrepanzen? Wo hat der Gesprächspartner empfindlich reagiert? Was werde ich beim nächsten Mal anders, vielleicht besser, machen? Was kann ich aus diesem Telefonat lernen?
- Tragen Sie Ihre Selbstreflexion auf einem Zettel nach und heften Sie Ihre Beobachtungen oder Ergebnisse oben auf den Vorgang (besseres Erinnern beim nächsten Gespräch).
- Bringen Sie den Vorgang an seinen Bestimmungsort (zum Beispiel Wiedervorlage ...).

Aspekte der Gesprächs-auswertung

Tipp 93   Schalten Sie Ihr Handy öfters mal ab!

Die wichtigste Regel für den Umgang mit dem Handy ist: „Schalten Sie es ab!" Das Mobiltelefon ist eine wunderbare Erfindung, keine Frage, denn wenn wir es sinnvoll nutzen, ist das Handy eine wirkliche Erleichterung unseres Arbeitsalltags. Denken wir nur an die Situation: Auf dem Weg zum Kunden – Unfall auf der A3 – Vollsperrung – keine Möglichkeit, den Stau zu umfahren – keine Telefonzelle. Da wurde es uns schon mal kalt und heiß zugleich, denn zunächst einmal mussten wir den Kunden warten lassen und beim viel zu späten Eintreffen dann mit einer Entschuldigung beginnen. Für diese und viele andere Situationen ist die Erfindung des Mobiltelefons wirklich eine grandiose Erfindung.

Bei Kundenumgang ist das Handy heute ein Muss

Die Kehrseite der Medaille: Viele von uns haben sich in den letzten Jahren zum Sklaven ihres Handys gemacht, andere nutzen das Handy um ihre Wichtigkeit zu betonen (anders kann man sich nicht erklären, warum Manager abends im Restaurant, im ICE, im Supermarkt ganz dringend telefonieren müssen). Für viele hat das Handy einen regelrechten Sucht-

Intern nicht zum Sklaven des Handys machen!

charakter angenommen. Probieren Sie einmal aus, ob Sie dazu gehören, indem Sie eine Woche lang so tun, als hätten Sie keines – am besten Sie geben es so lange einem Bekannten, sonst halten Sie das Experiment kaum durch – Sie werden merken, wie unruhig Sie sind.

Schalten Sie gezielt zu einigen Zeiten ab!

Wollen Sie sich tatsächlich von Ihrem Handy beherrschen lassen oder wollen Sie Ihr Handy beherrschen? Überlegen Sie einmal, in welchen Situationen Ihr Handy vielleicht in Zukunft ausgeschaltet sein kann:

- Muss das Handy an sein, während Sie gut übers Festnetz im Büro erreichbar sind?
- Muss das Handy auf Autofahrten an sein oder reicht es, einzuschalten, wenn Sie jemanden über Ihre geänderte Ankunftszeit informieren wollen? (Handy-Telefonate sind teils wegen der Funklöcher für Gesprächspartner eine Zumutung und für Verkehrsteilnehmer eine wirkliche Gefährdung!)
- Können Sie sich eine Zeit vorstellen, von der Sie sagen: Das ist Handy-freie Zeit? (Zum Beispiel abends ab 19 Uhr – abhängig von Ihrer Lebenssituation.) Wer mit dem Handy beschäftigt ist, während er mit anderen Menschen zusammen ist, grenzt automatisch andere aus, das ist für niemanden ein schönes Gefühl.

Tipp 94 Hier bleibt das Mobiltelefon generell ausgeschaltet!

- In Konferenzen und Besprechungen,
- in offiziellen (Mitarbeiter-)Gesprächen,
- beim Mittagessen,
- nachts (es gibt Wecker, dafür braucht man kein Handy),
- in Restaurants (einzige Ausnahme: kleines Kind alleine zuhause),
- beim Abendessen mit der Familie,
- beim Spielen mit den Kindern.

Das gilt mit Rücksicht auf andere oder im Hinblick auf die eigene Gesundheit. Natürlich hat auch diese Regel ihre Ausnahme. Für Menschen, die Rufbereitschaft haben (Arzt, Betriebsleiter usw.) oder bei einzelnen, besonderen Umständen (wegen deren man eine weit reichende Erreichbarkeit zugesagt hat), müssen diese „Spielregeln" sinnvoll angepasst werden.

Eine nicht zu unterschätzende Gefahr für die Beziehungen untereinander liegt im Verschicken von SMS, denn zum einen entstehen hier Missverständnisse wie in keiner anderen Kommunikationssituation und zum anderen verführen die Short-Messages dazu, dem anderen Dinge zu schreiben, die man ihm nicht sagen würde, dadurch entsteht eine Scheinnähe, die der Realität nicht standhält.

Vor SMS muss im geschäftlichen Kontakt gewarnt werden!

Sie fragen sich grundsätzlich, wie Sie in Ihrem Tagesverlauf noch Zeit sparen können? Schalten Sie Ihr Handy aus! Das Mobiltelefon kostet viele Menschen nicht nur Minuten, sondern gleich Stunden des Tages. Und: Sie sind auch wichtig, wenn Sie mal nicht zu erreichen sind. Die wirklich wichtigen Menschen sind nicht jede Sekunde am Tag erreichbar und es ist kein Indiz für Erfolg (und auch nicht für Beliebtheit), wenn Ihr Handy alle paar Minuten klingelt, rappelt oder piept.

Tipp 95 Beachten Sie im persönlichen Gespräch Ihre Stimmungslage!

Bislang haben wir immer von zwei Ebenen der Kommunikation gesprochen: Der Sachebene und der Beziehungsebene. Für das persönliche Gespräch spielt aber noch eine dritte Ebene eine Rolle: Die persönliche Stimmungsebene oder ganz banal ausgedrückt: Wie sind wir heute drauf?

Zur Sach- und zur Beziehungsebene kommt die Stimmungsebene hinzu

DIE EIGENE BEFINDLICHKEIT HAT, OB WIR ES WOLLEN ODER NICHT, EINE GROSSE BEDEUTUNG FÜR DEN VERLAUF EINES GESPRÄCHES.

Sie entscheidet darüber, wie selbstbewusst wir unsere Argumente vortragen, wie begeisterungsfähig wir unsere Ideen verkaufen, wie offen wir für die Meinung anderer sind oder wie gelassen wir mit Kritik umgehen. Unsere Stimmung wird beeinflusst durch unsere Gedanken und wenn wir morgens mit dem sprichwörtlichen „linken Bein" aufgestanden sind, den Dauerregen nicht als gemütliches Kuschelwetter betrachten, den Kaffee zu dünn und uns selbst zu dick finden, dann wird dieser negative Gedanken-Monolog jedes Gespräch im Laufe des Tages beeinflussen.

Wir wissen das, aber was kann man dagegen tun? Wir sind doch keine Gute-Laune-Roboter!

Der Wunsch nach Aus-
gleich von Stimmungs-
lagen führt zu Methoden
der Gedankenkontrolle

Möglichkeiten der Umwandlung von negativen in neutrale oder sogar positive Gedanken gibt es viele, wir stellen Ihnen hier nur einige vor, mit denen wir gute Erfahrungen gemacht haben. Es liegt an Ihnen, einmal auszuprobieren, mit welcher Methode Sie am schnellsten die Gedanken in Ihrem Kopf in Ihrem Sinne organisiert kriegen.

Tipp 96 Nutzen Sie systematisch Methoden zur Gedankenkontrolle!

Paradigmenwechsel

Sie haben sie wahrscheinlich alle schon einmal gesehen, die Zeichnung, auf der bei erster Betrachtung eine schöne junge Frau mit Hut und Federboa zu sehen ist. Dann zwinkern Sie mit den Augen, verändern ein wenig Ihren Blickwinkel auf das Bild und sehen eine alte Frau mit einer langen Nase, die einer Hexe ähnelt und mit der Schönen nichts mehr gemein hat. Im Leben und Erleben dessen, was uns wiederfährt, kommt es ebenfalls auf den BLICKWINKEL an, wie wir die Dinge wahrnehmen. Der Kaffee ist zu dünn? Na, prima, dann passt er ja gut als Auftakt zu einem Gesundheitstag, den ich ohnehin diese Woche einlegen wollte. Wieso Kaffee? In Wirklichkeit ist es doch Tee ..., den ich da gekocht habe!

Blickwinkel wechseln
und ...

  Eine einzige Frage hilft oft schon, sich die Situation oder den Gedanken darüber zu verändern: Was ist gut an dieser Situation und wie kann ich sie für mich nutzen oder davon profitieren? Mit den Gedanken an eine Antwort werden Sie eine Weile beschäftigt sein. Sie befinden sich, da Sie nun konstruktiv denken, aber schon ein Stückchen höher auf Ihrer persönlichen Stimmungsebene und denken in positiveren Kategorien. Über das freundlichere Denken entstehen freundlichere Gefühle und die können Sie mit der nächsten Möglichkeit verstärken.

... das Positve sehen und
herauskehren

Kognitive Kontrolle

Gibt es etwas, auf das Sie sich heute freuen können? Noch nicht? Na, dann wird es aber Zeit! Was könnte das „Hoch" Ihres heutigen Tages werden? Ihnen fällt nichts ein? Dann kramen Sie doch einmal in Ihrer Vergangenheit: Welche Dinge in Ihrer Vergangenheit haben Ihnen besonders viel Spaß gemacht? Welche könnten Sie heute tun und noch einmal Freude daran finden? Wenn Sie ein besonders schönes Erlebnis gefunden haben, werden Sie merken, dass es ein starkes positives Gefühl auslöst. Wir können aber immer nur ein Gefühl zur gleichen Zeit empfinden und das stärkere besiegt immer das schwächere. Die kognitive Kontrolle erfordert ein bisschen Übung, haben Sie sie aber immer wieder ausprobiert, wird es Ihnen auf die Dauer leicht fallen, sich positive Gefühle zu erzeugen.

Negatives Empfinden durch Positives überlagern

Sich Gutes tun

Ich bin nur sporadisch gerne zur Schule gegangen, habe die Schule eher als lästiges Übel empfunden, das man eben irgendwie, am besten so gut wie möglich, hinter sich bringen musste. Da galt es natürlich von Ferien zu Ferien lange Wochen zu überstehen. Ich wusste damals noch nichts von Zeitplanern und Selbstmanagement, aber ich habe mir selbst immer einen Plan gemacht, was ich am jeweiligen Tag tun wollte. (Meine Mutter lächelt heute noch darüber, dass ich, wenn auf meinem Plan stand: „17.00 Uhr – Haare waschen", ganz sicher bis 17.00 Uhr gewartet und niemals die Haare um fünf vor oder fünf nach fünf gewaschen hätte – ich glaube im Nachhinein, so habe ich mich in Disziplin geübt.). Täglich gab es aber auch eine Rubrik: Darauf freue ich mich heute …

Positive Ereignisse gezielt in den Zeitplan einbauen

Und dann gab es in Rot geschriebene Ereignisse, das waren die ganz besonderen Highlights eines Monats. So bin ich irgendwie durch die Schule gekommen. Sich etwas Gutes tun, jeden Tag, unbeirrt davon, was andere dazu sagen. Egoistisch? Nein, vorsorgend auch für andere, denn wenn es Ihnen selbst gut geht, geht es auch anderen gut, weil Sie Ihr Befinden auf andere Menschen ausstrahlen und in jedem Gespräch mit anderen ein Stück von Ihrer Stimmung übertragen.

Sich körperlich abreagieren

Viele meinen, dass die Stimmung sich bessere, wenn sie nur oft und lange genug über den Auslöser der schlechten Stimmung gesprochen hätten. Wir sehen das heute etwas differenzierter. Glücklich können wir sein, wenn wir einen Menschen (das reicht!) haben, mit dem wir reden können, der uns zuhört, aber dann nicht sagt, was wir vermutlich gerne hören, sondern mit einem hohen Maß an Sensibilität seine Meinung zur Situation sagt. Einmal drüber reden kann helfen, uns nicht mehr mit den Gedanken im Kreis zu drehen. Mehr als einmal drüber re-

Bewegung befreit den Kopf

den (gerade wenn das, was wir sagen, negativ ist), kann bedeuten, dass wir uns buchstäblich in die negativen Gedanken hinein hypnotisieren und sie damit größer machen.

Viel besser als reden ist es, sich körperlich zu betätigen, ganz gleich ob Sie das Unkraut im Garten zupfen, wandern, joggen, schwimmen. Es gibt kaum eine einfachere und natürlichere Methode, den Kopf frei zu bekommen und den Hebel von negativ auf positiv umzulegen. Fragen Sie mal Ihre Großmutter, wenn Sie noch eine haben, ob sie manchmal unter der Last negativer Gedanken gelitten habe. Ich bin sicher, sie wird Sie verständnislos ansehen und sagen: *„Nein, Junge/Mädel, für so neumodische Sachen hatten wir damals keine Zeit."*

Tipp 97 Gespräche mit unterschiedlichen Gesprächspartnern passend vorbereiten

Mit einer unvoreingenommenen und positiven Haltung in ein Gespräch zu gehen, ist neben der Sachkenntnis des Themas die beste Vorbereitung, die Sie treffen können. Dennoch lässt sich das Kommunikationsverhalten permanent verfeinern – das ist eine Lebensaufgabe. Methoden, die eigene Kommunikation zu optimieren, gibt es wie Sand am Meer und sie alle aufzuführen, würde den Rahmen dieses Buches sprengen.

Kommunikation lässt sich fortlaufend verbessern, auch in kleinen Schritten

Deshalb wählen wir hier nur einige Gesprächssituationen aus und geben Ihnen anhand derer den einen oder anderen Tipp. Denken Sie immer daran, dass Sie nicht gleich alles ändern müssen, um eine andere, neue Wirkung zu erzielen, sondern dass schon kleine Veränderungen In Ihrem Verhalten Auswirkungen auf das Ergebnis haben werden.

Das Gespräch mit dem Kunden

Beachten, was Kunden wirklich wollen – ihren Erfolg mehren, nicht unseren anhören!

Gleich ob Ihr Kunde ein Angebot einholen, eine Bestellung aufgeben oder eine Reklamation einreichen möchte, im Grunde will er immer nur das eine: durch Sie und mit Ihnen Geld verdienen. Deshalb will er sich auch keine langen Monologe über die Einzigartigkeit Ihres Unternehmens im Allgemeinen und Ihrer Person im Besonderen anhören und schon gar nicht will er hören, warum was nicht geht. Schauen Sie mal auf das große Laufband, das über die Stirn des Kunden läuft, darauf steht in großen Buchstaben: Hilf mir erfolgreich zu sein, setze alle Hebel dafür in Bewegung und sag mir WIE es geht!

Und weil wir lesen können und kundenorientiert arbeiten wollen, nehmen wir den Wunsch des Kunden ernst. Das fängt schon in den Gesprächen mit ihm an und setzt sich im Schriftwechsel fort: Alles, was wir dem Kunden zu sagen haben, sagen wir (wenn irgendwie möglich) positiv:

Gegenüber Kunden positiv formulieren

Ein Beispiel für eine (gut gemeinte) Negativformulierung:

„Herr Müller, es tut uns leid, wir können nicht zur vereinbarten Zeit liefern, der Spediteur hängt in den Alpen fest."
KUNDE: *„Ja und, was wollen Sie jetzt tun? Ich brauch' die Ware schnellstens ..."*
„Ich weiß, aber das ist ja nun höhere Gewalt, mir sind in dem Fall auch die Hände gebunden."
KUNDE: *„Das nenn' ich Service! Ist wahrscheinlich besser, ich schau' mich nach einem anderen Lieferanten um."*

So oder so ähnlich laufen täglich viele Kundengespräche ab. Der Grund für den ungünstigen Verlauf des Gespräches liegt nicht in der Tatsache, dass der Spediteur in den Alpen fest hängt, sondern in der Art wie dieser Sachbestand kommuniziert wurde. Günstiger wäre die Formulierung gewesen:
„Herr Müller, wir haben einen kleinen Lieferverzug, tun aber uns Bestes, möglichst zeitnah zu liefern."
KUNDE: *„Was heißt möglichst zeitnah?"*
„Das sage ich Ihnen im Laufe der nächsten Stunde, nämlich sobald wir genauere Informationen von unserem Spediteur haben."
KUNDE: *„Ok, aber machen Sie voran, Sie wissen, wie dringend ich die Ware brauche."*
„Das weiß ich, Herr Müller und deshalb können Sie sich auch auf mich verlassen."

Achten Sie einmal darauf, wie viele Sätze Sie in Ihrem täglichen Leben negativ formulieren, z.B.: *„Der ist im Moment nicht am Platz"*, *„Nein, ab 17.00 Uhr ist hier keiner mehr"*, *„Keine Ahnung, was ich mit diesem Vorgang machen soll"*, *„Der Chef hat mir mal wieder die Info nicht rechtzeitig gegeben"* – die Liste ließe sich noch lange fortsetzen.
Schreiben Sie sich solche Sätze auf. Es ist eine schöne Übung für eine verbesserte Kommunikation, alle gesammelten (und immer wieder ergänzten) Negativformulierungen in

positive Aussagen umzuformulieren (*„Ich erwarte ihn gegen 13.00 Uhr wieder, gerne helfe ich Ihnen solange weiter …"*, *„Morgen früh ab 07.30 Uhr ist das Büro dann wieder besetzt …"* und so weiter).

Das Gespräch mit dem Lieferanten

Grundregel Nr. 1 für das Gespräch mit dem Lieferanten: Lieferanten sind auch Menschen! Genau deshalb haben sie auch das Recht, genauso fair behandelt zu werden wie der Kunde.

Oft hat man den Eindruck, dass aller Frust darüber, sich dem Kunden gegenüber immer so freundlich verhalten zu müssen, am Lieferanten ausgelassen wird. Der will uns ja schließlich was verkaufen! Stimmt, aber ein freundliches, wertschätzendes Kommunikationsverhalten zieht sich durch all unsere Kontakte und pflegen wir einen höflichen Kontakt zu unserem Lieferanten, wird er sehr viel eher bereit sein, uns aus der Patsche zu helfen, wenn es wirklich mal brennt. Offensichtlich ist es aber so, dass noch nicht alle Lieferanten etwas von kundenorientiertem Verhalten gehört haben und uns mit ihren „Das-ist-unmöglich"-Sätzen manchmal ganz schön nerven. Einfachstes Mittel eine Annäherung zu erreichen ist nicht das Drohen (*„Wie gut, dass es viele andere gibt, von denen ich xy zügig bekommen kann."*), sondern das Fragenstellen.

Lieferanten wie Kunden behandeln – wir brauchen sie in Krisen

KUNDE: *„Uns ist xy ausgegangen und wir brauchen bis morgen Mittag 20 Paletten Ersatz. Kriegen Sie das hin?"*
LIEFERANT: *„Nee, das ist völlig unmöglich. Wir können ja nicht hexen."*
KUNDE: *„Das brauchen Sie auch für uns nicht zu lernen. Wie könnten Sie es denn hinkriegen, die übliche Lieferzeit von drei Tagen, und da sind Sie ja schon wirklich schnell, ausnahmsweise noch etwas zu unterschreiten?"*
LIEFERANT: *„Ich zermartere mir ja schon das Hirn, aber selbst wenn wir uns beeilen, da ist ja noch der Versandweg …"*
KUNDE: *„Was halten Sie davon, wenn wir Ihnen zuarbeiten?"*
LIEFERANT: *„Wie soll das gehen?"*
KUNDE: *„Sie stellen die Paletten zusammen, schicken per Express und wir übernehmen in diesem Fall die Mehrkosten. Ist das ein Kompromiss mit dem Sie leben können?"*
LIEFERANT: *„Ja, macht uns zwar trotzdem Stress hier, aber weil Sie es sind …"*

Mit Fragen führen Sie Ihre Lieferanten viel eher zu dem von Ihnen erhofften Ergebnis als mit Drohungen und Varianten des Druckaufbaus (erzeugt Gegendruck) und für Machtspielchen haben wir heute alle keine Zeit mehr. Einziges Fragewort, was verboten ist, ist das Fragewort „Warum", weil Sie darüber Ihren Lieferanten in die Rechtfertigung treiben und darüber keine Möglichkeit mehr lassen, nach einer Lösung zu suchen.

Fragen führt weiter als drohen und Druck ausüben

Tipp 98 Bei Gesprächen zwischen Chef und Mitarbeiter besondere Regeln beachten

Auch hier ist zunächst die mentale Vorbereitung eine wichtige Voraussetzung, und zwar umso wichtiger, je negativer der Gesprächsanlass ist. Kaum ein Vorgesetzter hat ein Problem damit, ein Mitarbeitergespräch aus erfreulichem Anlass zu führen. Schwieriger wird es dann (und hier passieren in der Praxis sehr viele Fehler!), wenn es Grund zur Kritik gibt. Denken Sie vor dem Gespräch bitte daran, dass kein grundsätzlich engagierter und motivierter Mitarbeiter Fehler macht oder sich nicht Ihren Erwartungen entsprechend verhält, um Sie zu ärgern. (Dann wäre schon in der Vergangenheit einiges mehr schief gegangen.)

Nicht freundliche, sondern unerfreuliche Anlässe sind die echte Herausforderung

Jeder Mitarbeiter darf für sich in Anspruch nehmen (bzw. hat das „Recht"), nicht nur gute Leistungen zu erbringen, sondern auch mal einen Fehler zu machen. Ihre Aufgabe ist es dann, sofern der Mitarbeiter nicht selbst seinen Lapsus erkannt hat, ihm deutlich zu machen, warum sein Verhalten nicht im Sinne des Unternehmens war und was für die Zukunft daraus abgeleitet werden soll.

Es gibt Literatur, die empfiehlt, die Kritik am Mitarbeiter durch ein Lob einzuleiten, ich meine nicht, dass das erforderlich ist, wenn Sie bei den Gelegenheiten, wo ein ehrliches Lob angebracht ist, ebenfalls mit dem Mitarbeiter sprechen. Wenn er Sie dagegen als ewig „nörgelnden" kritikfreudigen Vorgesetzten wahrnimmt, wird er sich mit Ihrer Kritik schwertun.

ERSETZEN SIE AUF JEDEN FALL ALLGEMEINE FORMULIERUNGEN DURCH KLARE ICH-BOTSCHAFTEN, DENN SO WIRD DER MITARBEITER DIE KRITIK NICHT ALS RUNDUMSCHLAG AUFNEHMEN UND BESSER DAMIT UMGEHEN KÖNNEN.

Ein Beispiel, wie es nicht laufen sollte:
VORGESETZTER: *„Schön, dass es Ihnen gut geht, ist ja auch kein Wunder, Sie kommen ja immer sehr gut ausgeruht hier an."*
MITARBEITER: *„Wie meinen Sie das?"*
VORGESETZTER: *„Naja, Sie kommen doch immer zu spät, darüber haben sich Ihre Kollegen auch schon beschwert."*
MITARBEITER: *„Ich komme nicht IMMER zu spät, sondern erlaube mir nur dann später zu kommen, wenn ich abends bis in die Puppen hier sitze. Aber das sehen die Kollegen ja nicht, die machen ja schon um 17.00 Uhr die Biege."*
VORGESETZTER: *„Nun bleiben Sie mal auf dem Teppich, Mann. Ich wollt's ja nur mal gesagt haben ..."*
MITARBEITER: *„Für mich hörte es sich aber so an, als seien Sie mit meiner Leistung nicht zufrieden ..."*
VORGESETZTER: *„Nein, nein, überhaupt nicht, Sie sind schon ein Guter, nur ... Ach, gucken Sie doch einfach, dass Sie demnächst mal ein bisschen eher hier sind ..."*

Ziel des Gespräches verfehlt. Oder glauben Sie, dass sich durch dieses Gespräch wirklich etwas im Verhalten des Mitarbeiters ändern wird? Haben Sie die gravierendsten Fehler erkannt?
• Einstieg ins Thema mit Ironie, der Mitarbeiter weiß nicht, was los ist.
• Verallgemeinerung „immer zu spät".
• Zuhilfename der Meinung Dritter (die beste Möglichkeit, ein schlechtes Betriebsklima zu schüren).
• Umgangssprachliche Formulierungen („... auf dem Teppich bleiben, Mann.") gehören nicht in ein offizielles Gespräch.
• Zurücknahme (Kleinmachen des Themas) der Kritik durch „Ich wollt's ja nur mal gesagt haben".
• Umdrehen des Gesprächeszweckes: Lob statt Kritik („Sie sind schon ein Guter").
• Unklare Formulierung der Erwartungen an den Mitarbeiter.

Günstiger wäre die folgende Gesprächsführung gewesen:
VORGESETZTER: *„Schön, dass es Ihnen gut geht, Herr Franke. Ich habe konkret eine Bitte an Sie: Obwohl mir bekannt ist, dass Sie abends oft länger arbeiten, möchte ich, dass Sie morgens innerhalb der firmenüblichen Gleitzeit hier eintreffen. Sind Sie bereit, mir diesen Wunsch zu erfüllen? Er ist mir ein wirkliches Anliegen."*

MITARBEITER: *„Hat sich jemand über mich beschwert oder wie kommen Sie jetzt darauf?"*

VORGESETZTER: *„Glauben Sie, dass es uns beide weiterbringt, wenn ich Ihnen die Frage beantworte? Nehmen Sie doch einfach meine Bitte an Sie ernst und kommen Sie in der vertraglich festgelegten Zeit. Sollte es sich einmal nicht verhindern lassen, dass Sie abends länger arbeiten und Sie möchten einmal eine Stunde länger schlafen, bitte ich Sie, es mit mir zu besprechen ..."*

MITARBEITER: *„Soll das nun heißen, dass ich komplett meinen Arbeitsrythmus ändern soll?"*

VORGESETZTER: *„Sie können selbst am besten beurteilen, inwieweit das erforderlich ist, um morgens bis 8.30 Uhr hier zu sein. Tun Sie, was dazu erforderlich ist. Herzlichen Dank, Herr Franke."*

Perspektivenwechsel: Das Gespräch mit dem Vorgesetzten

Wenn Sie wollen, dass Ihr Gespräch mit dem Vorgesetzten gründlich daneben geht, tun Sie Folgendes:

- Vereinbaren Sie keinen Termin, sondern quatschen Sie ihn beim Mittagessen an.
- Tragen Sie Ihre schlampigste Kleidung, damit Ihr Vorgesetzter sich neben Ihnen gut aussehend fühlt.
- Nehmen Sie kein Blatt vor den Mund und machen Sie Ihrem Ärger einmal richtig Luft.
- Erwähnen Sie dabei auch direkt das Fehlverhalten des einen oder anderen Kollegen.
- Machen Sie keine Veränderungsvorschläge, die müssen von ihm kommen.
- Weisen Sie ihn sicherheitshalber noch drauf hin, dass er schließlich der Chef ist.
- Bauen Sie die Beziehungsebene zum Schluss wieder auf, indem Sie sagen „Nichts für ungut".
- Nehmen Sie Ihre Suppe und setzen sich an einen anderen Tisch.

Sie lachen?
Ihnen ist natürlich sonnenklar, dass hier alles falsch gemacht wurde, was man nur falsch machen kann, aber Sie werden vielleicht auch nachdenklich, weil Sie diese Situation in der Praxis doch immer beobachten ...

Auch das Gespräch mit dem Vorgesetzten ist ein Mitarbeitergespräch – nur seitenverkehrt

Richtig wäre natürlich:
Sie vereinbaren mit Ihrem Vorgesetzten einen festen Termin, geben ihm schon im Vorfeld ein Stichwort, um was es gehen wird, damit er Gelegenheit hat, sich bei Bedarf auf Ihr Thema vorzubereiten. Sie halten den Termin unbedingt ein und tragen dazu Kleidung, die nicht allzu weit von der Ihres Vorgesetzten abweicht (Sie wollen sich ja nicht klein fühlen neben ihm).

Sie formulieren den Missstand in möglichst ruhigen, sachlichen Worten und betreiben dabei auf keinen Fall Kollegenschelte. Haben Sie bereits erfolglos mit einem Kollegen über die zu verbessernde Situation gesprochen, erwähnen Sie das in einem Nebensatz, lassen sich aber nicht dazu hinreißen, das Verhalten des Kollegen zu bewerten.

Vorgesetzte erwarten Lösungsvorschläge

Und dann kommt die wichtigste Stelle des Gespräches, das, was alle Vorgesetzten hören möchten, nämlich Ihre konkreten Vorschläge, wie der augenblickliche Zustand zu verbessern ist. Ihre Formulierung dabei ist nicht belehrend, nicht selbstherrlich und nicht beifallheischend, sondern Sie demonstrieren lediglich, dass Sie sich zum Wohl des Unternehmens weiterführende, konstruktive Gedanken gemacht haben und nicht zu den notorischen Nörglern ohne bessere Ideen gehören.

Erwarten Sie keine spontane Antwort von ihm (die Ideen sind ja schließlich neu und er muss erst nachdenken, was Sie vorgedacht haben) und seien Sie nicht enttäuscht, wenn er um Bedenkzeit bittet. Danken Sie ihm für die Zeit, die er sich genommen hat und fragen Sie, bis wann Sie mit seiner Antwort rechnen können (falls er es Ihnen nicht schon gesagt hat).

Vorgesetzte sind Menschen wie Sie und ich und wollen genauso mit Achtung behandelt werden wie wir, aber Vorgesetzte sind keine auf einem Thron sitzenden Halbgötter, vor denen man Kniefälle macht, bevor man sich mit ihnen unterhalten darf.

SEIEN SIE GRADLINIG, HÖFLICH UND EHRLICH, WENN SIE MIT IHREM VORGESETZTEN REDEN, ABER NICHT UNTERWÜRFIG.

Und noch etwas: Lob funktioniert nicht nur von oben nach unten, sondern auch andersrum. Wann haben Sie Ihren Vorgesetzten das letzte Mal ehrlich gelobt?

PRAXIS

Plan zur Umsetzung

Was war mir in diesem Kapitel wichtig?

....

....

Wie sieht meine persönliche Büroorganisation verglichen mit dem Gelesenen aus?

....

....

Was möchte ich verändern?

....

a) noch heute?

....

....

b) innerhalb der nächsten 72 Stunden?

....

....

Was brauche ich dazu (besorgen, kaufen, bestellen, leihen ...)?

....

Wen werde ich (wie? – eben im Vorbeigehen oder als Aktennotiz ...) über die geplanten Veränderungen informieren?

....

....

Was habe ich tatsächlich innerhalb der geplanten Zeit umgesetzt?

....

....

Meine Belohnung dafür sieht folgendermaßen aus:

....

....

Tipp 99 Zum Abschluss: Dienstleistungen schnell organisieren

Acht Uhr morgens und Ihr Chef will auf die Schnelle Kuchengabeln, aber die Kantine ist verschlossen und in Ihrem Büro haben Sie nur Kaffeelöffel ... Was tun? *„Nichts ist unmöglich"*, heißt es in einem bekannten Werbespot. Wir würden ihn ein bisschen modifizieren in: *„Vieles ist möglich"*. Man muss nur wissen, wie und wo.

Jedes Büro ist durch ein „Drumrum" notwendiger Dienstleistungen gefordert

Seien Sie im Büro auf den „Fall der Fälle" vorbereitet!

Haben wir einen bestimmten Wunsch schon einmal erfüllt oder ein Problem schon einmal gelöst, wissen wir, wie wir es lösen können und wer uns dabei hilft, aber irgendwann ist eben das erste Mal und deshalb ist es gut, sich im ruhigeren Zeiten schon einmal (vielleicht per Brainstorming mit anderen Kollegen zusammen) jede Menge x-beliebige Fälle zu überlegen: Wo bekomme ich was, wenn es brennt? Das Internet ist hier wieder einmal das einfachste Medium zur Recherche und bietet eben auch schnell und unkompliziert Dienstleistungen jeglicher Art an.

Bei Bedarf muss es meist schnell gehen, deshalb vorausschauend vorbereiten

LEGEN SIE SICH EIN REGISTER MIT DEN AUS IHRER SICHT WICHTIGSTEN DIENSTLEISTUNGEN AN.

Das kann je nach Branche und Unternehmenszweig sehr unterschiedlich sein. Ergänzen Sie dieses Register permanent, wenn Sie – vielleicht in ganz anderem Zusammenhang – auf eine interessante Dienstleistung stoßen. Auch wenn Sie den Eindruck haben, diesen Service nur ein einziges Mal in Anspruch nehmen zu müssen, schreiben Sie sich die Kontaktadresse auf, man weiß ja nie und vielleicht können Sie auch Kollegen einmal aus der Klemme helfen.

Überall hilfreich – ein Dienstleistungsregister, permanent gepflegt

Natürlich bezieht sich unser Tipp nicht nur auf die in einem Vorzimmer möglicherweise nachgefragte Dienstleistung. Sind Sie Ihrer eigener Herr/Ihre eigene Herrin, z.B. als Freiberufler im „kleinen Office", können Sie genauso gut in die Verlegenheit kommen, dass Sie etwas brauchen ... da muss sich nur ein Besucher die Sahne über die Kleidung schütten, aber zu einem weiteren Termin fahren müssen ... Wir haben einmal ein paar Adressen für Sie zusammengestellt, damit haben Sie schon einmal ein Grundrepertoire, das es dann zu erweitern gilt.

Kleine Auswahl von Dienstleisteradressen
(ohne Gewähr, als Anregung für eine eigene Kartei)

www.mobilityservice.de	Bus-Charter, Chauffeurservice, Messe-Shuttle
www.bosch-druck.de	Geschäftsdrucksachen, Broschüren, Jahresberichte, Schulungsunterlagen
www.yousmile.de	Geschenkideen für Kunden, Geschäftspartner ...
www.blume.de	Blumenservice
www.letmeship.de, www.tnt.de, www.ups.de	Kurierdienste
www.lohndirekt.de	Lohn- und Gehaltsabrechnungen
www.securitas.de, www.wis-sicherheit.de	Sicherheitsdienste
www.getgo.de	Online-Ticketverkauf für Veranstaltungen jeder Art
www.i-dietrich.de	PC-Nutzer-Tipps
www.hrs.de	Geschäftsreisen – Hotelbuchung rund um den Globus
www.vdr-service.de	Geschäftsreisen mit dem Verband Deutsches Reisemanagement e.V.
www.reiseservice.de	Geschäftsreisen
www.reiseplanung.de	Geschäftsreisen – Reiseplanung
www.flugangst.de	Entspanntes Fliegen
www.surfandrail.de	Bahnreisen
www.stadtplandienst.de	Stadtpläne
www.topbuero.de	Ihr Sekretariat – Telefonannahme in Ihrem Firmennamen
www.meyer-recycling.de	Aktenvernichtung
www.copy-center.de	Aktendigitalisierung
www.sekretariat-inside.de	Infos rund ums Sekretariat
www.ideenformat.de	Ausgefallene Kundenpräsente
www.shop-quintessenz.de	Ausgefallene Kundenpräsente
www.zeitzuleben.de	Motivierender Newsletter, Selbstcoaching
www.mydays.de	Außergewöhnliche Events
www.feste-feiern.de.tl	Partyservice und Event-Planung

ZEITPLANUNGSFORMULAR „MONATSPLAN"

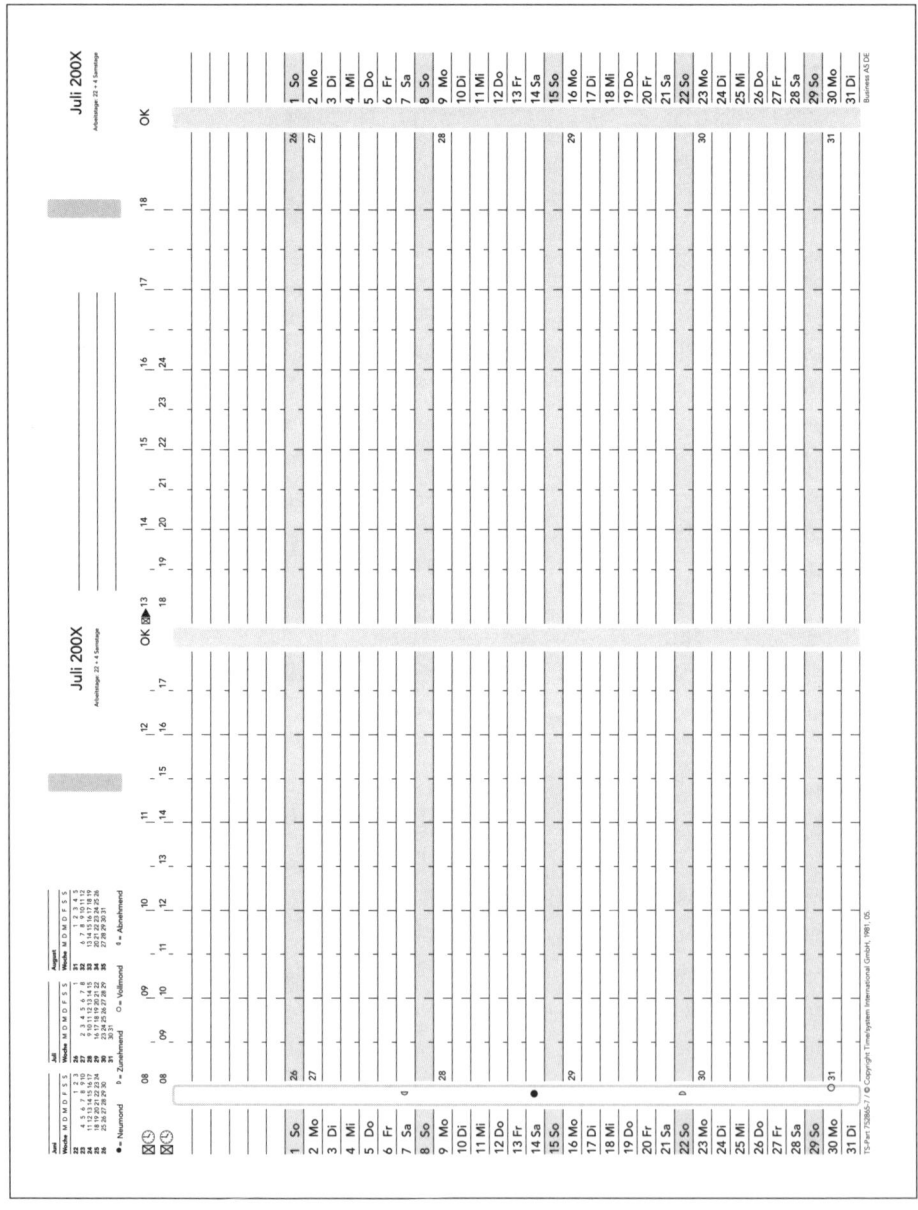

ZEITPLANUNGSFORMULAR „MONATSPLAN"

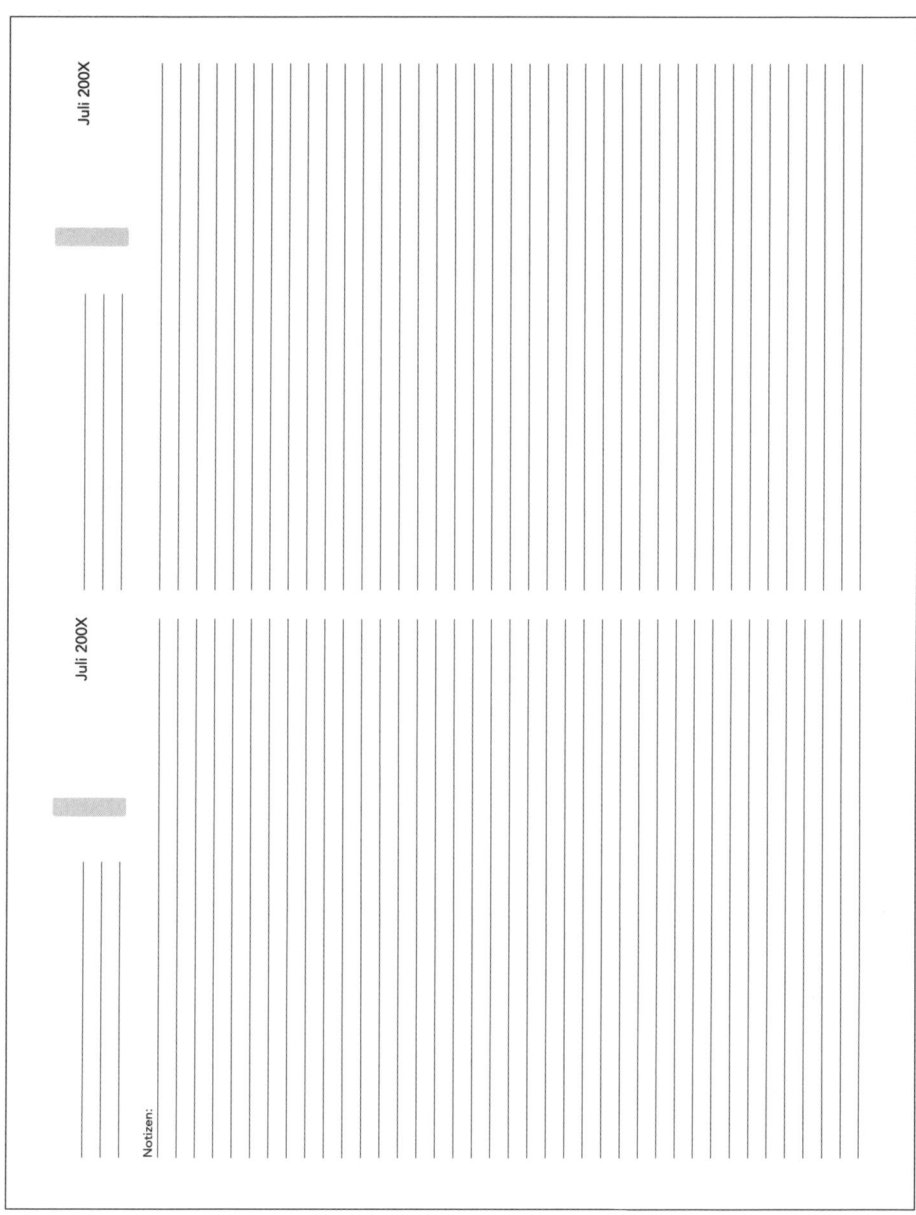

ZEITPLANUNGSFORMULAR „WOCHENPLAN"

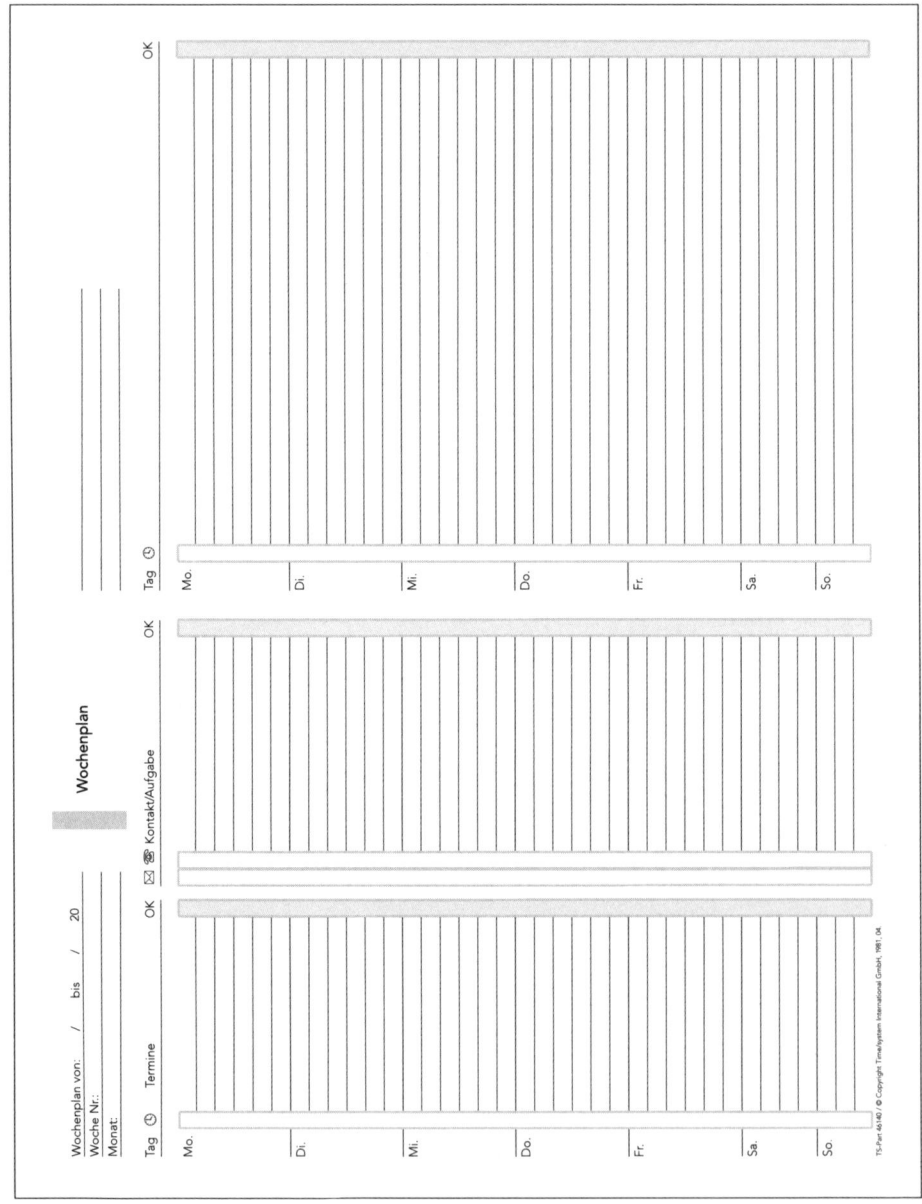

ZEITPLANUNGSFORMULAR „TAGESPLAN"

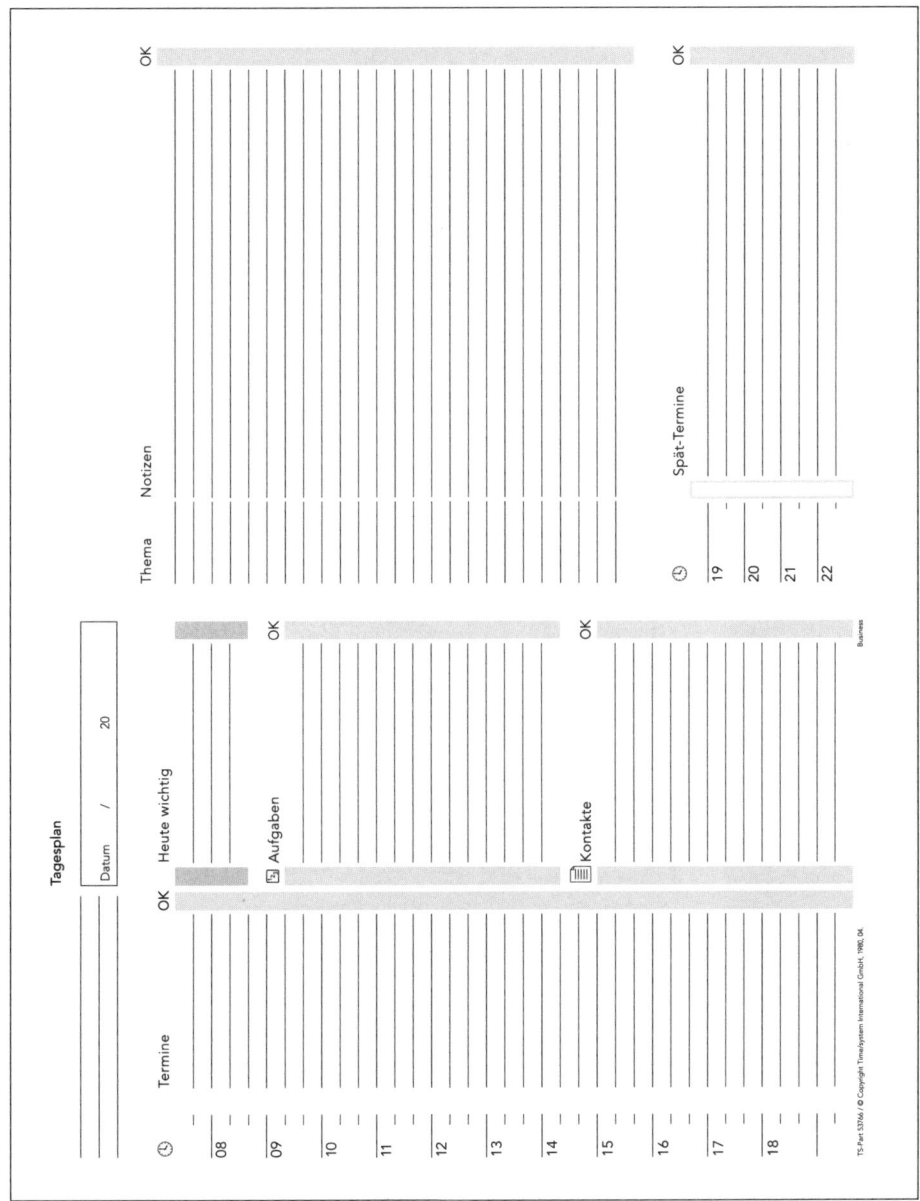

175

SHORTCUTS

Ergänzend zu ▶ TIPP 39 finden Sie hier die häufigsten Tastenkombinationen aus Microsoft® Windows®XP und ausgewählten Office-Programmen auf einen Blick.

1. Shortcuts für Word

A) SHORTCUTS MIT STRG

Parameter	Taste	Zweck
Strg	A	Alles markieren
Strg	B	Blocksatz
Strg	C	Kopieren
Strg	E	Zentriert
Strg	K	Link
Strg	L	Linksbündig
Strg	N	Neu
Strg	O	Öffnen
Strg	P	Drucken
Strg	R	Rechtsbündig
Strg	V	Einfügen
Strg	X	Ausschneiden
Strg	Y	Wiederholen
Strg	Z	Rückgängig
Strg	1	Zeilenabstand 1
Strg	2	Zeilenabstand 2
Strg	5	Zeilenabstand 1,5
Strg	Pos 1	An den Anfang des Dokuments
Strg	Ende	An das Ende des Dokuments
Strg	Return	Seitenwechsel
Strg	RÜCK	Letztes Wort löschen
Strg	(	Schrift verkleinern
Strg	)	Schrift vergrößern
Strg	#	Tiefstellen von Text
Strg	+	Hochstellen von Text

Strg Umschalt	K	Kursiv
Strg Umschalt	Q	Kapitälchen
Strg Umschalt	U	Unterstreichen
Strg Umschalt	S	Formatvorlage
Strg Umschalt	W	Wortweise unterstreichen

C) SHORTCUTS MIT UMSCHALTTASTE

Parameter	Taste	Zweck
Umschalt	F2	Kopiert markierten Text an angegebene Position
Umschalt	F3	Groß-/Kleinschreibung ändern
Umschalt	F7	Thesaurus
Umschalt	F12	Speichern

D) SHORTCUTS MIT ALT

Parameter	Taste	Zweck
Alt	F1	Nächstes Feld
Alt	F4	Schließen/Beenden
Alt	F5	Anwendung wiederherstellen
Alt	F7	Nächster Rechtschreibfehler
Alt	F8	Makro
Alt	Bild-AUF-Taste	Spaltenbeginn
Alt	Bild-AB-Taste	Spaltenende

B) SHORTCUTS MIT STRG UND UMSCHALTTASTE

Parameter	Taste	Zweck
Strg Umschalt	D	Doppelt unterstreichen
Strg Umschalt	F	Fett
Strg Umschalt	G	Großbuchstaben

E) SHORTCUTS MIT ALT UND UMSCHALTTASTE

Parameter	Taste	Zweck
Alt Umschalt	D	Datum
Alt Umschalt	T	Zeit
Alt Umschalt	RÜCK	Wiederherstellung
Alt Umschalt	I	Seitenansicht

2. Shortcuts für Windows

A) SHORTCUTS FÜR DIE WINDOWS-TASTE

Parameter	Taste	Zweck
Windows-Taste	E	Explorer starten
Windows-Taste	F	Dialogfeld Suchen starten
Windows-Taste	M	Alle Fenster minimieren
Windows-Taste	R	Dialogfeld Ausführen starten
Windows-Taste	Pause	Systemeigenschaften öffnen

B) ALLGEMEINE SHORTCUTS FÜR WINDOWS

Taste	Zweck
F1	Windows-Hilfe wird angezeigt
F2	Umbenennen Datei oder Ordner
F3	Datei oder Ordner suchen
F4	Im Explorer werden die Ordner gewechselt / Adressleiste geöffnet
F5	Die aktuelle Ansicht wird aktualisiert
F6	Wechseln zwischen den Explorerfenstern
F10	Wechsel in die Menüleiste
Strg ESC, altern. Windowstaste	Startmenü wird geöffnet
Strg Alt Entf	Taskmanager wird geöffnet
Alt Tab	Zwischen den Fenstern wechseln
Alt Eingabe	Anzeigen der Eigenschaften bei markierter Datei
Tab	Zwischen den Eigenschaften wechseln

3. Shortcuts für Excel

A) SHORTCUTS MIT STRG

Parameter	Taste	Zweck
Strg	F	Suchen
Strg	H	Ersetzen
Strg	K	Einfügen eines Hyperlinks
Strg	N	Datei neu
Strg	O	Datei öffnen
Strg	P	Datei drucken
Strg	R	Bearbeiten/Ausfüllen/Rechts
Strg	S	Datei speichern
Strg	U	Bearbeiten/Ausfüllen/Unten
Strg	V	Einfügen
Strg	X	Ausschneiden
Strg	Y	Wiederholen
Strg	1	Format/Zellen
Strg	+	Einfügen/Zellen
Strg	-	Bearbeiten/Zellen
Strg	Leertaste	Wählt Spalte der aktiven Zelle aus

B) SHORTCUTS MIT STRG UND UMSCHALTTASTE

Parameter	Taste	Zweck
Strg Umschalt	F3	Einfügen/Name/Übernehmen
Strg Umschalt	F12	Datei drucken
Strg Umschalt	Leertaste	Wählt das ganze Tabellenblatt aus
Strg Umschalt	Tab	vorherige Arbeitsmappe

C) SHORTCUTS MIT UMSCHALTTASTE

Parameter	Taste	Zweck
Umschalt	F2	Bearbeiten eines Kommentars
Umschalt	F3	Einfügen/Funktion
Umschalt	F5	Bearbeiten/Suchen
Umschalt	F9	Neuberechnung des aktiven Tabellenblatts
Umschalt	F11	Neues Tabellenblatt
Umschalt	Leertaste	Wählt die Zeile der aktiven Zelle aus

D) SHORTCUTS MIT ALT BZW. ALT UND UMSCHALTTASTE

Parameter	Taste	Zweck
Alt	=	Entspricht dem Summensymbol
Alt Umschalt	F1	Neues Tabellenblatt
Alt Umschalt	F2	Datei/Speichern

4. Shortcuts für Sonderzeichen

A) SHORTCUTS MIT ALT

Parameter	Tasten	Sonderzeichen	Alt	147	ô
Alt	128	Ç	Alt	149	Ò
Alt	130	é	Alt	150	û
Alt	131	â	Alt	151	ù
Alt	133	à	Alt	152	ÿ
Alt	134	å	Alt	155	ø
Alt	135	ç	Alt	156	£
Alt	136	ê	Alt	157	Ø
Alt	137	ë	Alt	158	×
Alt	138	è	Alt	160	á
Alt	139	ï	Alt	162	ó
Alt	140	î	Alt	163	ú
Alt	141	ì	Alt	164	ñ
Alt	143	Å	Alt	165	Ñ
Alt	145	æ	Alt	168	¿
Alt	146	Æ	Alt	169	®

LITERATURVERZEICHNIS

Amon, Ingrid: Die Macht der Stimme, Überreuter Verlag, Wien 2002

Birkenbihl, Vera: Stroh im Kopf?, mvg-Paperbacks, Landsberg am Lech 2007

Brost, Hauke: Super-Jogging für den Kopf, mvg-Paperbacks, Landsberg am Lech 2002

Covey, Stephen: Die sieben Wege zur Effektivität, Gabal, Offenbach 2007

Degener More Office (Hrsg.) / Burger, Arno: E-Mail-Management im Job, Cornelsen Verlag, Pocket Business, Berlin 2009

Engel-Ortlieb, Dorothea: Perfekt im Office, Moderne Büroorganisation für Profis, Redline-Wirtschaft, Hamburg 2008

Fey, Gudrun: Gelassenheit siegt!, Walhalla Verlag, Berlin 2008

Fuchs, Helmut / Huber, Andreas: Die 16 Lebensmotive, dtv premium, München 2002

Gericke, Cornelia: Rhetorik, Cornelsen Verlag, Pocket Business, Berlin 2008

Haeske: Team- und Konfliktmanagement, Cornelsen Verlag, Pocket Business, Berlin 2008

Mencke, Marco: 99 Tipps für Kreativitätstechniken, Cornelsen Verlag, Berlin 2006

Microsoft Office Outlook 2007, Microsoft Press Deutschland 2007

MS Word2000, Bildungsmedien IT-Training, Herdt Verlag

Nollmeyer, Olaf: Die eigene Stimme entfalten, Kösel-Verlag, München 1998

Reiter, Markus: Klardeutsch, Hanser Verlag, München 2008

Roth, Susanne: Einfach aufgeräumt!, Campus Verlag, Frankfurt am Main 2007

Ryberg, Karl: Farbtherapie, Mosaik Verlag, München 1992

Schmidt, Renate: Geschäftskorrespondenz, Cornelsen Verlag, Pocket Business, Berlin 2008

Seiwert, Lothar: Mehr Zeit für das Wesentliche, verlag moderne industrie, Landsberg am Lech, 20. Aufl. 2005

Seiwert, Lothar: Mehr Zeit fürs Glück, dtv, München 2004

Sick, Bastian: Der Dativ ist dem Genitiv sein Tod, Kiepenheuer & Witsch, Köln 2006

Vogel, Ingo: So reden Sie sich an die Spitze, Econ Verlag, München 2002

Zacker, Christina: Arbeit im Griff, Urania Verlag, Stuttgart 2004

STICHWORTVERZEICHNIS

ABC-Prinzip 64
Ablage, dynamische 27
Ablage, Handling der 38
Ablage, neue 39
Ablageliste 24
Ablage-Management 35
Ablagestau 41
Ablagesystem 36
Abwesenheits-Assistent 56
Akten 20
Aktenplan 40
Aktives Telefonat 148
ALPEN-Methode 65
Alphabetische Registratur 37
Altablage 37
Ansprache, namentliche 152
Arbeitsstuhl und -tisch 108 f.
Arbeitsumfeld 111
Arbeitsunterlagen, dynamische 18
Archivieren 24
Aufbewahrung 24
Aufbewahrungsfristen 33
Aufkleber 27
Aufschieberitis 32

Balance 97
Begrüßung am Telefon 147
Beleuchtung 111
Beschriftungen 26
Besprechungen 136
Besprechungsklima 140
Besprechungsorganisation 138

Bewirtungsutensilien 21
Bezeichnungen 25
Bildschirm 109
Bildschirmarbeitsverordnung 107
Biorhythmus 99, 132
Brainstorming 117
Briefe 133
Bücherboard 20
Büroarbeitsplatz 12
Büromaterial 21

Caddy 19
Chef 165

Dateien, eigene 46 f.
Datensicherung 49
Datenträger, externe 50
Denkblockaden 122
Denken 91
Desktop 46
Dienstleistungen 170
Disziplin 26, 89
Dreierregel 31
Dringlichkeit 69
Dynamische Ablage 27
Dynamische Arbeitsunterlagen 18

Eigene Dateien 46 f.
Einstellung 78
Eisenhower-Regel 68
Elektronische Speicherung 35
E-Mailprogramme 52 f.
E-Mails 51 ff., 129
Emoticons 131 f.
Entscheidungen 67, 94
Entspannung 99

Entspannungsübungen 102 ff.
Entstapeln 23, 28
Ergonomie 106
Erinnerungsfunktion 55
Ernährung 99 ff.
Externe Datenträger 50
Externe Festplatte 50

Farben 111
Favoriten 59
Fehler 96
Festplatte, externe 50
Festplattensegmente 49
Festplattenverluste 50
Fünfundsiebzig-Prozent-Regel 32

Gedächtnisübung 153
Gedankenkontrolle 160
Gehirnaktivierung 125
Geräuschkulisse 111
Gespräche 156, 162 ff.
Gesprächsatmosphäre 149
Gesprächsaufbau 154
Gesprächsführung 140
Gesprächspartner 162
Gestik 151
Greifraum 12, 15
Grenzen, eigene 76
Grundordnung 11

Handling der Ablage 38
Handy 157
Hängemappe 24
Hängeregal 17
Hängeregistratur 26 f.
Humor 26

Ideenfindung 117
Informationen 128
Informationsstand 143
Internet 58, 132
Intrinsische
  Motivation 80

Ja-Sagen 84

Kalender 57
Kennworte 49
Kleinmöbel 19
Kognitive Kontrolle 160
Kommunikation 128 f.
Konferenzen 136
Konsequenz 84, 89
Kontrolle, kognitive 160
Konzentrations-
  schwäche 125
Kreativität 114
Küche 21
Kunden 162
Kurzprotokolle 145

Leistungskurve 100
Lesen, rationelles 73
Lesen, zielorientier-
  tes 136
Lieferanten 164
Lösungsorientiertes
  Denken 91

Maus 48
Meetings 136
Memory-Buch 29
Menü-Task-Leiste 47
Mimik 151
Mind Mapping 115 ff.
Missverständnisse 128 f.
Mitarbeiter 165
Mitarbeitergespräch 165

Mobiltelefon 158
Monatsplan 172
Motivation,
  intrinsische 80
Motive 79

Nachverfolgung 54
Namensgedächtnis 152
Namentliche
  Ansprache 152
Nein-Sagen 84
Neue Ablage 39
Notfallkoffer 120

Offenheit 94, 140
Optik 40
Ordner 24, 28, 31
Ordner, überquellende 28
Ordnung im PC 44
Organisation 11, 170
Osborn-Checkliste 118
Outlook 57 f.

Papierkorb 25
Papiertrenner 18
Paradigmenwechsel 160
Pareto-Prinzip 70
Passives Telefonat 148
Pausen 112
Planung 65
Prioritäten 64, 67
Projektfest 32
Protokoll 144
Pünktlichkeit 141

Querdenken 118

Rationelles Lesen 73
Realistisches Ziel 82
Regale 20
Regeln 134

Registratur,
  alphabetische 37
Rollcontainer 19

Schatztruhe 120
Schmierzettel 16, 29
Schreibtisch 13
Schreibtisch-
  gegenstände 13
Schreibtischschub-
  laden 18
Schwächen 79
Selbstbewusstsein 95
Selbstmanagement 76
Setzen von Prioritäten 64
Shortcuts 60, 176 ff.
Sideboard 20
Sitzgelegenheiten 108
Smalltalk 154
Sorgenkiste 120
Spaß 104
Speicheroptionen 46
Speicherung,
  elektronische 35
Sprechgeschwindig-
  keit 150
Stapel 23
Stapel-Methode 72
Stärken 70, 79
Staus 30
Stehsammler 28
Stimme 149
Stimmungslage 159
Suchmaschinen 133
Systemwieder-
  herstellung 50

Tagesleistungs-
  verteilung 100
Tagesplan 66, 175
Tastenkombinationen 176

Tauschhandel 31
Telefon 146
Telefon, Begrüßung
    am 147
Telefonat 146 ff.
Temperatur 111
Termin mit sich selbst 41
To-do-Registratur 36
Typologie 13

Übermittlungs-
    bestätigungen 53
Überquellende
    Ordner 28
USB-Stick 50

Veränderungen 89
Verfallsdatum 31
Verlaufsprotokolle 144
Vier-Quadranten-
    Methode 68
Vorbereitung 137, 142
Vorbereitung eines
    Telefonats 146
Vorgesetzter 166

Wegwerfen 25
Weitsichtigkeit 92
Wichtigkeit 69
Wiedervorlagemappe 19
Wochenplan 174
Wörtliche Protokolle 144

Zeit 62
Zeitfresser 63
Zeitplanbuch 64
Zeitplanung 41
Zeitplanungs-
    formulare 172
Ziele 77, 81 f., 143
Zielorientiertes
    Lesen 136
Zwischendurch-
    strategie 31
Zwischensichern 49

Herkulische Säulen
Für den Geschäftserfolg

Jeder, der kaufmännisch arbeiten und handeln muss, findet in diesem Band die Basisinformationen zu den wesentlichen praxisorientierten Bereichen: Grundlagen, Finanzen und Rechnungswesen, Unternehmensführung, Recht, Officemanagement, Marketing.

Michael Olaf Winter
Handbuch für die kaufmännische Praxis
432 Seiten, Festeinband
ISBN 978-**3-589-23650-3**

Erhältlich im Buchhandel. Weitere Informationen zum Programm gibt es dort oder im Internet unter **www.cornelsen.de/berufskompetenz**

Cornelsen Verlag • 14328 Berlin
www.cornelsen.de

Flaschenpost?
Die Botschaft soll ankommen

Das Buch ist ein Ratgeber für alle, die schreiben müssen oder möchten: Es leitet an, verständlich, richtig und dem Zweck entsprechend zu schreiben. 48 Musterbriefe auf der CD unterstützen die tägliche Routine und 15 Redebeispiele geben Anregungen für alle wesentlichen Anlässe.

Martin Maria Kohtes/Renate Schmidt
Besser schreiben
Mit CD-ROM, 184 Seiten, kartoniert
ISBN 978-**3-589-23557-5**

Weitere Informationen zur Reihe *Das professionelle 1 x 1* gibt es im Buchhandel oder im Internet unter **www.cornelsen.de/berufskompetenz**

Cornelsen Verlag • 14328 Ber
www.cornelsen.de